Vue.js 核心技术解析
与 uni-app 跨平台实战开发

袁 龙 著

清华大学出版社

北 京

内 容 简 介

本书系统地介绍了 Vue.js 和 uni-app 的核心基础理论及企业项目开发，以实例的形式对 Vue.js 和 uni-app 进行深入浅出的讲解。本书共分 14 章，内容包括 Vue.js 基础入门、Vue.js 绑定样式及案例、Vue.js 生命周期函数、Vue.js 动画、Vue.js 组件、Vue.js 路由、Vue.js 高级进阶、element-ui/mint-ui 组件库、axios 发送 HTTP 请求、Vuex 状态管理、企业项目实战、Vue3.X 新特性解析、uni-app 核心基础、uni-app 企业项目实战等，书中大部分章节提供了实战项目案例源码。

本书中每一个关键知识点均配套了同步视频讲解，以带领读者把书中的代码敲一遍，这不仅能使读者更加透彻地掌握知识点，实现独立开发企业级项目的目标，还能使读者及时地了解最新技术动态。

本书的读者对象为网页设计与制作人员、网站建设开发人员、相关专业的学生及网站制作爱好者。

图书在版编目（CIP）数据

Vue. js 核心技术解析与 uni-app 跨平台实战开发 / 袁龙著. —北京：清华大学出版社，2022.1（2024.2重印）

ISBN 978-7-302-59296-9

Ⅰ．①V… Ⅱ．①袁… Ⅲ．①网页制作工具—程序设计 Ⅳ．①TP392.092.2

中国版本图书馆 CIP 数据核字（2021）第 200846 号

责任编辑：贾小红
封面设计：秦 丽
版式设计：文森时代
责任校对：马军令
责任印制：曹婉颖

出版发行：清华大学出版社
网 址：https://www.tup.com.cn,https://www.wqxuetang.com
地 址：北京清华大学学研大厦 A 座　　　　邮 编：100084
社 总 机：010-83470000　　　　邮 购：010-62786544
投稿与读者服务：010-62776969，c-service@tup.tsinghua.edu.cn
质量反馈：010-62772015，zhiliang@tup.tsinghua.edu.cn

印 装 者：三河市天利华印刷装订有限公司
经 销：全国新华书店
开 本：190mm×260mm　　　印 张：17.5　　　字 数：423 千字
版 次：2022 年 1 月第 1 版　　　　　　印 次：2024 年 2 月第 5 次印刷
定 价：82.00 元

产品编号：092732-01

前　言

学习一门新的技术之前，我们一般会考虑 3 个问题：学习的这门技术是什么？为什么要学习这门技术？如何去学习？

针对第 1 个问题，本书将从"Hello World"开始，以案例的形式深入浅出地讲解 Vue.js 和 uni-app。

书中 Vue.js 部分共有 12 个章节，包括 Vue.js 基础入门、Vue.js 绑定样式及案例、Vue.js 生命周期函数、Vue.js 动画、Vue.js 组件、Vue.js 路由、Vue.js 高级进阶、element-ui/mint-ui 组件库、axios 发送 HTTP 请求、Vuex 状态管理、企业项目实战、Vue3.X 新特性解析等，力求让零基础读者入门 Vue.js。

uni-app 部分分为 2 个章节，包括 uni-app 核心基础、uni-app 企业项目实战。大家可能会疑惑：为什么 uni-app 只用 2 个章节去讲解？其主要原因为 uni-app 是依赖于 Vue.js 的，如果掌握了 Vue.js，相当于掌握了 80%的 uni-app，本书通过一个企业案例帮助读者把 Vue.js 和 uni-app 相结合，进行学习。

第 2 个问题：为什么要学习 Vue.js 和 uni-app？

Vue.js 作为国内流行的前端框架，具有易用、灵活、高效等特点，可以在工作中提高开发效率；还有一个原因是现在的前端工程师不只需要掌握 HTML 布局和 JavaScript 插件开发，他们做得更多的是和后端工程师配合，实现数据的渲染。Vue.js 框架恰好可以实现前端需求；最后一个原因是当前国内 Vue.js 的市场状况，Vue.js 是我国程序员开发的前端框架，掌握 Vue.js 已经成为国内企业招聘前端工程师的一项重要指标。

uni-app 是一个基于 Vue.js 开发的前端应用框架，只需要编写一套代码，就可以发布到 Android、iOS 以及各种小程序平台（微信、支付宝、百度等），当前官方文档推出了 10 个平台。也就是说，uni-app 的出现帮助我们降低了学习成本，实现了程序的跨平台应用。

第 3 个问题：如何学习 Vue.js 和 uni-app？

在学习之前需要读者先掌握 HTML 和 CSS，并且需要有一定的 JavaScript 编程基础。本书附赠微课，可扫描书中二维码，观看视频讲解，以帮助大家更加透彻地理解和掌握知识点，实现独立开发企业项目的课程目标。

袁　龙

2022.1

目　　录

第1章

Vue.js 基础入门

章节简介

本章讲解前端框架的发展历程，Vue.js 的核心理念以及 Vue.js 的基础知识，使大家快速入门 Vue.js，构建出 Vue.js 应用程序。

1.1 什么是 Vue.js

视 频 讲 解

首先看一下 Vue.js 的官方文档。

Vue 是一套构建用户界面的渐进式框架。与其他大型框架不同的是，Vue 被设计为可以自底向上逐层应用。Vue 的核心库只关注视图层，不仅易上手，还便于与第三方库或已有项目整合。

对于刚接触 Vue 的读者来说，以上官方简介并不是很好理解。通俗地讲，Vue 只是一个工具，并且是一个只能在浏览器中运行的工具，其作用是将 Ajax 获取到的数据进行页面整合。

1.1.1 当前流行的前端框架

当前比较流行的前端框架，分别是 Angular.js、React.js 和 Vue.js。

Angular.js 发布于 2009 年，是由谷歌团队发布的。

React.js 发布于 2013 年，是由 Facebook 团队发布的。

Vue.js 发布于 2014 年，是由我国程序员尤雨溪发布的。

1.1.2　为什么要学习 Vue.js

随着前端行业的不断发展，现在的前端技术人员不只做 HTML 页面、写 JS 特效，更多的是需要和后端人员配合，调用后端接口，拿到数据并且渲染到页面上。

在只做静态页面的时代，后端人员眼中的前端人员只是一个切图的。随着前后端的分离，前端人员和后端人员也变成了"平起平坐"的局面。

从设计理念上看，以前渲染数据是通过 Ajax 获取，获取到数据之后，经过循环遍历数据，然后拼接数据，最后进行页面整合，在整个过程中需要操作大量的 DOM 元素，是非常烦琐的，即使后来有了 jQuery，但是本质上没变，依然是操作 DOM 元素。Vue.js 的出现，实现了不需要操作 DOM 元素也可以把数据和页面进行整合。Ajax 获取到数据之后，只需要给 Vue，Vue 会进行循环、拼接、渲染等，我们无须再操作 DOM 元素。

1.1.3　Vue.js 核心理念

Vue.js 的核心理念是数据驱动视图和组件化。

Vue.js 有双向数据绑定功能，当 JS 中的数据发生变化时，页面视图会自动改变，只需要注意数据的变化，而不需要操作 DOM 元素，这就是数据驱动视图。

组件化理念是把整个页面看作一个大组件，里面的每个元素或者功能可以当作子组件，每一个组件都可以重复调用，组件是本书重点讲解的知识点之一。

1.1.4　框架和库的区别

框架和库有本质上的区别，是完全不一样的两个概念。

下面通过一个例子讲解框架和库的区别。例如想要吃饭，厨房里有各种菜，如果使用库，就需要我们拿到菜之后自己去做，库只提供工具；如果使用框架，想吃什么可以直接找一家饭店，告诉服务员要点什么，具体饭店是怎么做的我们不需要知道。

总结：库只是提供各种工具，功能的实现注重的是过程，而框架就是一个工厂，功能的实现注重的是结果。

视频讲解

1.2　MVVM 前端视图层开发理念

MVVM 是前端分层开发理念，总共分为 3 层，包括 M 层、V 层和 VM 层，其中 VM 层是核心，也是 M 层和 V 层的调度者。

M 层是每个页面中存储的数据，也称作数据层 Model；V 层是每个页面中的 HTML 代码，也叫作视图层 View，一般是把 M 层中的数据渲染到 V 层。

M 层中的数据并不能直接渲染到 V 层，需要通过 VM 层调度，同样地，在 V 层中修改了数据，也不能直接同步到 M 层，还是需要 VM 层来调度，所以 VM 层是 M 层和 V 层的调度者，是核心。MVVM 的开发理念如图 1-1 所示。

图 1-1　MVVM 的开发理念

1.3 节将通过正式安装 Vue.js，创建 Vue 实例对象，系统地讲解 MVVM 分层开发。

1.3　创建 Vue 实例对象，详解 MVVM

本节正式进入 Vue.js 的讲解，首先需要安装 Vue.js，安装方式有两种，本节讲解第一种安装方式，即通过 CDN 安装，这种方式非常简单，只需要在文件中引入 CDN 网址，代码如下（另一种安装方式在后文中介绍）。

```
<!DOCTYPE html>
<html lang="en">
<head>
    <meta charset="UTF-8">
    <meta name="viewport" content="width=device-width, initial-scale=1.0">
    <title>Document</title>
</head>
<body>
    <!--安装Vue.js-->
    <script src="https://cdn.jsdelivr.net/npm/vue/dist/vue.js"></script>
</body>
</html>
```

上述代码中，script 的引用就是 Vue.js 的安装，有两个需要注意的事情。

（1）Vue.js 的引用分为生产版本和开发版本，生产版本是最终上线的版本，代码会进行压缩，开发版本一般是供学习和测试使用。

（2）建议把 Vue.js 的引用位置放在 body 标签的最下方，不要放在 head 标签中。

引入 Vue.js 之后，内存中就多了 Vue 构造函数，此时就可以创建 Vue 实例了，并传入配置对象，代码如下。

```
<!DOCTYPE html>
<html lang="en">
<head>
    <meta charset="UTF-8">
    <meta name="viewport" content="width=device-width, initial-scale=1.0">
```

```html
        <title>Document</title>
</head>
<body>
        <div id="app">
            {{msg}}
        </div>

        <!--安装Vue.js-->
        <script src="https://cdn.jsdelivr.net/npm/vue/dist/vue.js"></script>
        <script>
            var vm = new Vue({
                el:'#app',
                data:{
                    msg:'Hello World'
                }
            })
        </script>
</body>
</html>
```

上述代码是一个完整的 Vue 实例，分析上述代码可发现，通过 new Vue({})声明的 vm 实例就是 MVVM 中的 VM 层，负责 M 层和 V 层的调度。

配置对象中的 el 属性表示声明出来的 Vue 实例要控制页面上的哪块区域。这个实例中 el 的属性值是#app，表示控制的页面区域，如下所示。

```html
<div id="app"></div>
```

而这里的 HTML 代码就是 MVVM 中的 V 层视图层。

data 的属性值是一个对象，用来存储 V 层所用到的数据，所以 data 就是 MVVM 中的 M 层数据层。

data 中存储 msg 属性，这里要做的是把 msg 中的 "Hello World" 渲染到以下代码所示的区域。

```html
<div id="app"></div>
```

在使用 Vue 后，无须再操作 DOM 元素，直接以插值表达式的形式输出{{msg}}即可。

{{}}又被叫作插值表达式，可直接渲染 data 中的属性。

通过以上实例可以发现，我们只需要注意 data 中的数据，不需要考虑数据具体是怎么渲染到页面中的，因为 Vue 已经帮我们实现了，这也是 Vue 的核心思想之一，即数据驱动视图。

分析 vm 实例对象。打开浏览器，按 F12 键，选择控制台，在控制台中打印 vm 实例，打印的结果如下。

```
"$attrs":
"$children": Array []
"$createElement": function $createElement(a, b, c, d)
"$el": <div id="main">
"$listeners":
"$options": Object { components: {}, directives: {}, el: "#main", … }
"$parent": undefined
"$refs": Object {  }
"$root": Object { _uid: 0, _isVue: true, "$options": {…}, … }
"$scopedSlots": Object {  }
"$slots": Object {  }
"$vnode": undefined
_c: function _c(a, b, c, d)
_data: Object { msg: Getter & Setter, … }
_directInactive: false
_events: Object {  }
_hasHookEvent: false
_inactive: null
_isBeingDestroyed: false
_isDestroyed: false
_isMounted: true
_isVue: true
_renderProxy: Proxy { <target>: {…}, <handler>: {…} }
_self: Object { _uid: 0, _isVue: true, "$options": {…}, … }
_staticTrees: null
_uid: 0
_vnode: Object { tag: "div", data: {…}, children: (1) […], … }
_watcher: Object { deep: false, user: false, lazy: false, … }
_watchers: Array [ {…} ]
msg:
```

vm 是通过 new Vue({})创建出来的实例对象，实例对象中的属性可以分为以下三大类。

第一类以 "$" 符号开头，表示 Vue 中的公有属性。

第二类以下画线开头，表示 Vue 中的私有属性。

第三类是 Vue 中 data 里面的自定义属性。

1.4　详解插值表达式

在 1.3 节中，我们使用插值表达式渲染了 data 中的 msg 数据，代码如下。

```
<div id="app">
    <h1>{{msg}}</h1>
```

```html
    </div>
    <script src="https://cdn.jsdelivr.net/npm/vue/dist/vue.js"></script>
    <script>
        var vm = new Vue({
            el: '#app',
            data: {
                msg: 'Hello World'
            }
        })
    </script>
```

上述代码中的 msg 的值是字符串，本节要讲的是，插值表达式不仅可以渲染字符串，还可以渲染对象、函数、运算符，代码如下。

```html
    <div id="app">
        <!--渲染字符串-->
        {{msg}}
        <!--渲染对象-->
        {{obj.name}}
        <!--渲染函数-->
        {{f1()}}
        <!--渲染运算符-->
        {{num>10?'大于10':'小于10'}}
    </div>

    <!--安装Vue.js-->
    <script src="https://cdn.jsdelivr.net/npm/vue/dist/vue.js"></script>
    <script>
        var vm = new Vue({
            el: '#app',
            data: {
                //字符串
                msg: 'Hello World',
                //对象
                obj: {
                    name: '张三'
                },
                //函数
                f1: function () {
                    return 1 + 1
                },
                num: 15
            }
        })
    </script>
```

运行结果如图 1-2 所示。

图 1-2　插值表达式的渲染结果

注意：

插值表达式不支持变量赋值、逻辑运算等，如下所示，代码的运行结果是错误的。

```
{{if(num>10){console.log('123')}}}
```

1.5　Vue 基础指令

视 频 讲 解

经过前面几节内容的学习，相信大家已经初识 Vue，本节讲解的是 Vue 基础指令，通过基础指令可以掌握更多渲染数据的方法，实现数据的双向绑定。

1.5.1　v-cloak 指令

v-cloak 指令的作用是在 Vue 数据渲染完成之前，隐藏源代码，当快速刷新页面或者网速较慢时，Vue 不能立即渲染数据，此时看到的页面如图 1-3 所示。

图 1-3　Vue 数据渲染之前

当网速过慢时，浏览器显示的是 Vue 的源代码，对于用户来说，这是一种不友好的展现形式。所以在实现 Vue 项目之前，我们需要使用 v-cloak 指令，代码如下。

```html
<!DOCTYPE html>
<html lang="en">
<head>
    <meta charset="UTF-8">
    <meta name="viewport" content="width=device-width, initial-scale=1.0">
```

```html
    <title>Document</title>
    <style>
        /*注释二：样式控制隐藏*/
        /*属性选择器，只要使用了 v-cloak 属性的元素，使用下面样式*/
        [v-cloak]{
            display: none;
        }
</style>
</head>
<body>

    <!--注释一：根节点使用 v-cloak-->
    <div id="app" v-cloak>
        {{msg}}<br>
        {{obj.name}}<br>
        {{f1()}}<br>
        {{num>10?'大于10':'小于10'}}
    </div>

    <!--安装 Vue.js-->
    <script src="https://cdn.jsdelivr.net/npm/vue/dist/vue.js"></script>
    <script>
        var vm = new Vue({
            el: '#app',
            data: {
                msg: 'Hello World',
                obj: {
                    name: '张三'
                },
                f1: function () {
                    return 1 + 1
                },
                num: 15
            }
        })
    </script>
</body>
</html>
```

上述代码有两处注释。

（1）注释一表示在 Vue 控制的根节点使用 v-cloak 指令。

（2）注释二表示使用 CSS 样式控制 Vue 源码的隐藏。

v-cloak 原理：由于快速刷新页面或者网速原因，导致 Vue.js 没有生效，在生效之前，只要是添加了 v-cloak 指令的元素，都会隐藏（样式设置），当 Vue.js 加载完毕，所做的第一件事就是将页面中的 v-cloak 指令删掉，所以数据又可以正常显示了。

1.5.2　v-text 指令

作用：渲染 data 中的属性值。

前文讲过使用插值表达式渲染 data 中的属性值，本节讲解渲染数据的另外一种方式，即使用 v-text 指令。渲染 msg 属性的代码如下。

M 层代码如下。

```
<script>
    var vm = new Vue({
        el: '#app',
        data: {
            msg: 'Hello World'
        }
    })
 </script>
```

视图层代码如下。

```
<div id="app" v-cloak>
    <!--第一种渲染方法-->
    <h1>{{msg}}</h1>
    <!--第二种渲染方法-->
    <h1 v-text="msg"></h1>
 </div>
```

运行代码，发现用两种方式渲染数据的运行结果相同，如图 1-4 所示。

图 1-4　插值表达式渲染和 v-text 指令渲染的运行结果

1.5.3　v-html 指令

作用：渲染富文本。

1.5.2 节讲解的 v-text 指令只能渲染普通的字符串，而不能渲染复杂数据（如富文本）。本节讲解用 v-html 指令渲染富文本，代码如下。

M 层代码如下。

```
<script>
    var vm = new Vue({
        el: '#app',
        data: {
            msg: '<h1>Hello World</h1>'
        }
    })
</script>
```

视图层代码如下。

```
<div id="app" v-cloak>
    <div v-html="msg"></div>
</div>
```

运行代码，发现 M 层中 msg 属性的 h1 标签会被解析，如图 1-5 所示。

图 1-5　v-html 渲染结果

下面总结一下插值表达式、v-text、v-html 的相同点和不同点。

相同点：都可以渲染 M 层中的数据。

不同点：（1）插值表达式和 v-text 不能渲染富文本。

（2）v-text 和 v-html 在视图层不能继续添加文本内容，而插值表达式可以继续添加文本。

下面通过插值表达式、v-text、v-html 进行渲染，代码如下。

```
<div id="app" v-cloak>
    <div><h1>{{msg}}此处文本正常显示</h1></div>
    <div v-html="msg">此处文本不显示</div>
    <div v-text="msg">此处文本不显示</div>
</div>
```

运行结果如图 1-6 所示。

图 1-6　插值表达式、v-text、v-html 渲染结果

结论：只有插值表达式中的文本可以正常显示，使用 v-text 和 v-html 渲染的数据会覆盖原标签中的内容。

1.5.4　v-bind 指令

视 频 讲 解

作用：元素属性绑定。

v-bind 是比较重要的一个指令，用于元素的属性绑定。以上几节中 M 层的数据直接渲染到元素中，本节讲解的是把 M 层的数据渲染到元素的属性中，例如 div 有 title 属性，把 M 层数据渲染到 title 属性中，代码如下。

M 层代码如下。

```
<script>
    var vm = new Vue({
        el: '#app',
        data: {
            msg: 'Hello World'
        }
    })
</script>
```

视图层代码如下。

```
<div id="app" v-cloak>
    <div title="msg">
        <h1>{{msg}}</h1>
    </div>
</div>
```

此时当鼠标移动到 div 元素，title 属性显示的是字符串"msg"，并不能渲染 M 层的"Hello World"，运行结果如图 1-7 所示。

图 1-7　title 属性渲染结果 1

正确的做法应该是使用 v-bind 指令绑定属性，代码如下。

```
<div id="app" v-cloak>
    <div v-bind:title="msg">
        <h1>{{msg}}</h1>
    </div>
</div>
```

运行结果如图 1-8 所示。

图 1-8　title 属性渲染结果 2

 注意：

当元素中的属性使用了 v-bind 指令时，后面的值就是变量，Vue 会到 M 层中找这个变量，若找到了就渲染内容，若找不到就会报错。

常用的属性绑定还有 img 标签中的 src 属性、a 标签中的 href 属性等，代码如下。
M 层代码如下。

```
<script>
    var vm = new Vue({
        el: '#app',
        data: {
            msg: 'Hello World',
            logo:'images/logo.jpg',
            link:'http://www.baidu.com'
        }
    })
</script>
```

视图层代码如下。

```
<div id="app" v-cloak>
    <div v-bind:title="msg">
        <h1>{{msg}}</h1>
        <img v-bind:src="logo">
        <a v-bind:href="link">百度</a>
    </div>
</div>
```

注意：

v-bind 可以简写成 "："，所以上述代码中的 src 属性和 href 属性可以分别简写为 "：src" 和 "：href"，代码如下。

```
<div id="app" v-cloak>
    <div v-bind:title="msg">
        <h1>{{msg}}</h1>
        <img :src="logo">
        <a :href="link">百度</a>
    </div>
</div>
```

1.5.5　v-on 指令

视频讲解

作用：元素事件绑定。

v-on 指令同样是 Vue 中的重要指令，用于元素事件的绑定，现在有一个简单的需求，单击 "单击" 按钮时，控制台输出 "Hello World"，原生的 JS 代码如下。

视图层代码如下。

```
<div id="app" v-cloak>
    <input type="button" value="单击" id="btn">
</div>
```

JS 代码如下。

```
<script>
    document.getElementById('btn').onclick = function () {
      console.log('Hello World')
    }
</script>
```

当单击 "单击" 按钮时，控制台可正常输出 "Hello World"，但是上述代码有个缺点，即其功能是通过操作 DOM 元素实现的，这和 Vue 的理念冲突，Vue 不建议操作 DOM 元素，所以应该使用 v-on 事件绑定指令，代码如下。

视图层代码如下。

```
<div id="app" v-cloak>
    <input type="button" value="单击" v-on:click="show">
</div>
```

JS 代码如下。

```
<script>
    var vm = new Vue({
      el: '#app',
      data: {
         msg:'Hello World'
      },
      methods:{
         show(){
            console.log('Hello World')
         }
      }
    })
</script>
```

单击"单击"按钮时，控制台同样会输出"Hello World"，这一次我们并没有操作 DOM 元素。分析上述代码，发现在配置对象中新增了 methods 属性，methods 属性用来存放方法。

视图层中，通过 v-on 指令给按钮绑定了单击事件。当单击按钮时，会到 methods 属性中找 show 方法，若找到 show 方法就执行，若找不到 show 方法就报错。

本节的重点是要理解 methods 属性是用来存放方法的，v-on 是用来绑定事件的。

除了单击事件，常见的事件还有鼠标移动事件，下面将上述案例的需求修改成：当鼠标经过按钮时，控制台输出"Hello World"，代码如下。

视图层代码如下。

```
<div id="app" v-cloak>
    <input type="button" value="单击" @mouseover="show">
</div>
```

JS 代码如下。

```
<script>
    var vm = new Vue({
      el: '#app',
      data: {
         msg:'Hello World'
      },
      methods:{
         show(){
```

```
        console.log('Hello World')
      }
    }
  })
</script>
```

 注意:

从上述代码可以看出，v-on 指令可以简写成"@"。

1.6　事件修饰符

视频讲解

事件修饰符主要用来处理 DOM 事件细节，如阻止事件冒泡、取消事件默认行为、修饰鼠标、修饰键盘等。

1.6.1　鼠标按键修饰

以鼠标修饰符举例，通常单击时可触发事件，我们可以将其设置成右击或者单击鼠标滚轮时触发事件，代码如下。

视图层代码如下。

```
<div id="app" v-cloak>
    <input type="button" value="单击" @click.right="show">
</div>
```

在"@click"后面加".right"，此时必须右击才能触发 show 方法，也可以将其设置为单击鼠标滚轮时触发，代码如下。

```
<div id="app" v-cloak>
    <input type="button" value="单击" @click.middle="show">
</div>
```

".middle"表示必须单击鼠标滚轮才能触发 show 方法。

1.6.2　系统修饰符

常用的系统修饰符有.ctrl、.alt、.shift，其表示按住修饰键才能触发事件，代码如下。

```
<div id="app" v-cloak>
    <input type="button" value="单击" @click.ctrl="show">
</div>
```

上述代码必须在单击的同时按住 Ctrl 键，才能触发 show 方法，同理，.alt 修饰和.shift 修饰的实现方法也是一样的。

1.6.3　事件修饰符

常用的事件修饰符有.stop、.capture、.self、.prevent、.once。

.stop 阻止事件冒泡的代码如下。

视图层代码如下。

```
<div id="app" v-cloak>
    <div class="content" @click="sayhi">
        <div class="main" @click="show"></div>
    </div>
</div>
```

上述代码中，两个 div 盒子属于嵌套关系，并且都有事件，当单击 main 盒子时，首先会触发 show 方法，然后触发 sayhi 方法，这叫作事件冒泡，.stop 可以阻止事件冒泡，代码如下。

```
<div id="app" v-cloak>
    <div class="content" @click="sayhi">
        <div class="main" @click.stop="show"></div>
    </div>
</div>
```

此时单击 main 盒子，只会触发 show 方法。

.capture 使用捕获模式，先触发外侧 div 事件，再触发内部 div 事件，代码如下。

```
<div id="app" v-cloak>
    <div class="content" @click.capture="sayhi">
        <div class="main" @click="show"></div>
    </div>
</div>
```

此时单击 main 盒子，首先触发的是 sayhi 方法，再触发 show 方法。

.self 单击元素本身触发事件，代码如下。

```
<div id="app" v-cloak>
    <div class="content" @click.self="sayhi">
        <div class="main" @click="show"></div>
    </div>
</div>
```

此时单击 main 盒子只能触发 show 方法，要触发 sayhi 方法则必须单击 content 盒子。

.self 和.stop 的区别：.self 只能阻止元素自身冒泡，如果还有其他嵌套事件，会继续冒泡；.stop 是阻止整个事件冒泡。

.prevent 阻止默认事件，代码如下。

```
<div id="app" v-cloak>
    <a href="http://www.baidu.com" @click.prevent="show">百度</a>
</div>
```

此时单击"百度"，并不会跳转到百度页面，.prevent 阻止了 a 标签的跳转功能，打开控制台，控制台会调用 show 方法。

.once 修饰符只生效一次，代码如下。

```
<div id="app" v-cloak>
    <a href="http://www.baidu.com" @click.prevent.once="show">百度</a>
</div>
```

第一次单击"百度"，.prevent 会阻止 a 标签的默认跳转，所以不会进行页面跳转。但是第二次单击"百度"页面，则会正常跳转，加上.once 之后，.prevent 修饰符只生效一次。

1.7　双向数据绑定

视 频 讲 解

本节讲解 Vue 中比较重要的一个指令——v-model 双向数据绑定指令。双向数据绑定的概念如下。

（1）数据层（M 层）发生变化会影响视图层（V 层）改变。

（2）视图层（V 层）发生变化会影响数据层（M 层）改变。

下面开始 v-model 指令的学习。当前有这样一个需求，即把 M 层中的 msg 数据渲染到 input 文本框中，代码如下。

M 层代码如下。

```
<script>
    var vm = new Vue({
      el: '#app',
      data: {
          msg:'Hello World'
      },
      methods:{
      }
    })
</script>
```

先不使用 v-model 指令，按照以前的写法可以使用 v-bind 属性绑定的形式，代码如下。

视图层代码如下。

```
<div id="app" v-cloak>
    <h1>插值表达式：{{msg}}</h1>
    <input type="text" :value="msg" >
</div>
```

使用 v-bind 属性绑定的形式，可以把 msg 数据渲染出来，但是当修改文本框中的内容时，M 层数据不会改变，如图 1-9 所示。

图 1-9   h1 标签渲染结果 1

此时将文本框的值修改成"Hello Vue"，但插值表达式渲染出来的仍然是"Hello World"，说明 M 层的数据并没有随着 V 层数据的改变而改变，正确的代码如下。

```
<div id="app" v-cloak>
    <h1>插值表达式：{{msg}}</h1>
    <input type="text" v-model="msg">
</div>
```

使用 v-model 代替 v-bind，当文本框的值修改成"Hello Vue"时，插值表达式的渲染结果也同时修改成"Hello Vue"，如图 1-10 所示。

图 1-10   h1 标签渲染结果 2

 注意：

v-model 只能运用到表单元素，只有表单元素是用户可以操作的。

1.7.1 v-model 修饰符

v-model 还可以添加修饰符，例如数字修饰符".number"，表示用户只能输入数字，代码如下。

M 层代码如下。

```
<script>
    var vm = new Vue({
      el: '#app',
```

```
    data: {
        msg:'Hello World',
        num:1
    },
    methods:{
    }
})
</script>
```

视图层代码如下。

```
<div id="app" v-cloak>
    <input type="text" v-model.number="num">
</div>
```

常用的修饰符还有过滤首尾空格".trim"，代码如下。
视图层代码如下。

```
<div id="app" v-cloak>
    <input type="text" v-model.trim="num1">
</div>
```

本节最后一个知识点是.lazy 修饰符的使用，其表示内容发生变化，并且在失去焦点时触发，代码如下。

```
<div id="app" v-cloak>
    <h1> 插值表达式：{{num}}</h1>
    <input type="text" v-model.lazy="num">
</div>
```

当文本框的值发生变化时，插值表达式的渲染结果并不会立即改变，而是要等到文本框失去焦点后才改变，如图 1-11 所示。

图 1-11　插值表达式渲染结果

1.7.2　使用 v-model 实现计算器案例

本节使用 v-model 实现简单的计算器功能，代码如下。

视 频 讲 解

视图层代码如下。

```html
<div id="app" v-cloak>
    <input type="text" v-model="num1" placeholder="请输入第 1 个数字">
    <select v-model="sel">
      <option value="+">+</option>
      <option value="-">-</option>
      <option value="*">*</option>
      <option value="/">/</option>
    </select>
    <input type="text" v-model="num2" placeholder="请输入第 2 个数字">
    <input type="button" value="=" @click="btn">
    <input type="text" v-model="res">
</div>
```

运行代码，计算器效果如图 1-12 所示。

图 1-12　计算器前端效果图

M 层代码如下。

```html
<script>
    var vm = new Vue({
      el: '#app',
      data: {
        num1: null,
        sel: '+',
        num2: null,
        res: null
      },
      methods: {
        btn() {
          if (this.sel == "+") {
            this.res = parseInt(this.num1) + parseInt(this.num2)
          } else if (this.sel == "-") {
            this.res = parseInt(this.num1) - parseInt(this.num2)
          } else if (this.sel == "*") {
            this.res = parseInt(this.num1) * parseInt(this.num2)
```

```
        } else {
          this.res = parseInt(this.num1) / parseInt(this.num2)
        }
      }
    }
  })
</script>
```

代码解析如下。

（1）视图层 v-model 定义的属性值必须在 M 层的 data 中定义，否则程序报错。

（2）btn 方法在 methods 中定义。

（3）要点：btn 方法中用到了 data 中的数据，如 num1、num2、res，需要注意的是，在 methods 中调用 data 中的数据，必须要加 this。

this 表示当前的 vm 实例，在控制台中 console.log(vm)打印的实例对象如图 1-13 所示。

图 1-13　打印 vm 实例对象

打印 vm 实例对象发现，btn 方法和 num1、num2 等属于平级关系，所以在 btn 方法中使用 num1、num2 时，需要使用 this.num1、this.num2。

1.8　v-for 指令

视 频 讲 解

作用：循环遍历普通数组、对象数组、对象、数字等。

1.8.1　遍历普通数组

v-for 指令是 Vue 非常重要的指令之一，也是每个项目都要用到的指令，其作用是用来遍历数据。例如在 data 中定义数组，将数组中的每一项渲染到 h1 标签，代码如下。

M 层代码如下。

```
<script>
    var vm = new Vue({
      el: '#app',
      data: {
        arrList: ['php', 'asp', 'java']
      }
    })
</script>
```

视图层代码如下。

```
<div id="app" v-cloak>
    <h1 v-for="(item,i) in arrList" :key="i">索引：{{i}}---值：{{item}}</h1>
</div>
```

运行结果如图 1-14 所示。

图 1-14　v-for 遍历普通数组

```
<h1 v-for="(item,i) in arrList" :key="i">{{item}}</h1>
```

代码解析如下。

（1）v-for 指令中，item 表示的是数组里面的每一项，名字是可以随意命名的。

（2）i 表示数组的索引，从 0 开始。

（3）使用 v-for 指令必须绑定 key 属性，key 的属性值可以是不重复的数字或者字符串，也可以直接把数组索引作为 key 的属性值。

（4）数据使用插值表达式渲染。

1.8.2　遍历对象数组

上述代码只能遍历普通数组，v-for 指令也可以遍历对象数组，代码如下。

M 层代码如下。

```
<script>
    var vm = new Vue({
      el: '#app',
      data: {
        arrList: [{
            id: 1,
            name: 'php'
          },
          {
            id: 2,
            name: 'asp'
          },
          {
            id: 3,
            name: 'java'
          }
        ]
      }
    })
</script>
```

视图层代码如下。

```
<div id="app" v-cloak>
    <ul>
      <li v-for="(item,i) in arrList" :key="item.id">
        <h1>{{item.id}}---{{item.name}}</h1>
      </li>
    </ul>
</div>
```

运行结果如图 1-15 所示。

代码解析如下。

（1）绑定 key 属性的值是 arrList 数组对象中的 id 属性。

（2）item 表示数组中的每一项，arrList 数组中的每一项都是一个对象，需要对象中的哪个属性就用“item.属性”，例如{{item.name}}。

图 1-15　v-for 遍历对象数组

1.8.3　遍历对象

本节讲解使用 v-for 遍历对象，在 M 层定义普通对象，代码如下。

M 层代码如下。

```
<script>
    var vm = new Vue({
      el: '#app',
      data: {
        obj: {
          id: 1,
          name: 'vue.js',
          desc: '理念：数据驱动视图和组件化'
        }
      }
    })
</script>
```

视图层代码如下。

```
<div id="app" v-cloak>
    <ul>
      <li v-for="(val,key,i) in obj" :key="i">
        值：{{val}}---键：{{key}}---索引：{{i}}
      </li>
    </ul>
</div>
```

运行结果如图 1-16 所示。

代码解析：v-for 指令循环遍历对象是以键-值对形式，代码<li v-for="(val,key,i) in obj" :key="i">中第一个参数表示值，第二个参数表示键。

图 1-16　v-for 遍历对象

1.8.4　遍历数字

v-for 指令还可以遍历数字，进行数字叠加，例如输出 1～10，代码如下。

视图层代码如下。

```
<div id="app" v-cloak>
    <ul>
      <li v-for="(item,i) in 10" :key="i">
        {{item}}
      </li>
    </ul>
</div>
```

运行结果如图 1-17 所示。

图 1-17　v-for 遍历数字

1.9　学生管理案例

本节通过学生管理案例，巩固 v-for 数据渲染、v-model 双向数据绑定以及事件修饰符等知识点，案例效果如图 1-18 所示。

图 1-18   学生管理效果图

需求分析：此案例可拆分为 4 个功能。

（1）渲染学生列表。

（2）新增学生。

（3）删除学生。

（4）搜索学生。

视频讲解

1.9.1   渲染学生列表

渲染学生列表之前，首先需要布局静态页面，以下代码是视图层页面布局，完整代码可在配套资源中下载。

```
<div id="main" v-cloak>
    <table cellpadding="0" cellspacing="0">
        <tr>
            <td>学号</td>
            <td>姓名</td>
            <td>新增时间</td>
            <td>操作</td>
        </tr>
        <tr>
            <td>1</td>
            <td>小明</td>
            <td>2021</td>
            <td><a>删除</a></td>
        </tr>
        <tr>
            <td><input type="text" placeholder="请输入学号" /></td>
            <td><input type="text" placeholder="请输入姓名" /></td>
            <td><input type="text" placeholder="搜索学生姓名"/></td>
            <td><input type="button" value="新增"/></td>
        </tr>
    </table>
```

在 M 层模拟学生列表数据，代码如下。

```
<script>
    var vm = new Vue({
        el: '#main',
        data: {
            list: [{
                id: 1,
                name: '小明',
                time: new Date()
            }, {
                id: 2,
                name: '小红',
                time: new Date()
            }, {
                id: 3,
                name: '小刚',
                time: new Date()
            }]
        }
    })
</script>
```

模拟的学生列表数据为数组对象的形式，这也是后面项目实战中数据展现的形式，使用 v-for 指令将获取到的数据渲染到视图层，代码如下。

```
<div id="main" v-cloak>
    <table cellpadding="0" cellspacing="0">
        <tr>
            <td>学号</td>
            <td>姓名</td>
            <td>新增时间</td>
            <td>操作</td>
        </tr>
        <tr v-for="(item,i) in list" :key="i">
            <td>{{item.id}}</td>
            <td>{{item.name}}</td>
            <td>{{item.time}}</td>
            <td><a>删除</a></td>
        </tr>
    </table>
</div>
```

运行代码，可渲染出学生列表，如图 1-19 所示。

图 1-19　完成学生列表渲染

1.9.2　新增学生

需求分析如下。

（1）使用 v-model 获取到用户输入的学号、姓名，将时间设置为当前时间，无须用户输入。

（2）新增添加学生的方法，在方法中把用户输入的数据组织成一个对象。

（3）使用数组的 push 方法，把对象添加到 list 数组，代码如下。

```
<script>
    var vm = new Vue({
        el: '#main',
        data: {
            //用户输入的学生学号
            id: '',
            //用户输入的学生姓名
            name: '',
        },
        methods: {
            add() {
                var stu = {
                    id: this.id,
                    name: this.name,
                    time: new Date()
                }
                this.list.push(stu)
                this.id = this.name = ''
            }
        }
    })
</script>
```

1.9.3　删除学生

视频讲解

需求分析如下。

（1）给"删除"按钮添加单击事件并传入索引，只有传入索引才能确定要具体删除哪条数据，因为删除是 a 标签，使用事件修饰符将 a 标签的默认样式清除。

（2）使用数组的 splice 方法删除选中的数据，代码如下。

视图层代码如下。

```
<div id="main" v-cloak>
    <table cellpadding="0" cellspacing="0">
        <tr>
            <td>学号</td>
            <td>姓名</td>
            <td>新增时间</td>
            <td>操作</td>
        </tr>
        <tr v-for="(item,i) in list" :key="i">
            <td>{{item.id}}</td>
            <td>{{item.name}}</td>
            <td>{{item.time}}</td>
            <td><a @click.prevent="del(i)">删除</a></td>
        </tr>
    </table>
</div>
```

删除事件代码如下。

```
<script>
    var vm = new Vue({
        el: '#main',
        data: {
        },
        methods: {
            del(i) {
                console.log(i)
                this.list.splice(i, 1)
            }
        }
    })
</script>
```

1.9.4　搜索学生

需求分析如下。

（1）使用 v-model 获取用户输入的学生姓名。

（2）新增搜索方法，传入参数，参数就是用户输入的学生姓名。

（3）使用数组的 forEach 方法遍历整个数组，获取数组中的姓名包含用户传递参数的数据，并组成新的数组，代码如下。

视图层代码如下。

```
<div id="main" v-cloak>
    <table cellpadding="0" cellspacing="0">
        <tr>
            <td>学号</td>
            <td>姓名</td>
            <td>新增时间</td>
            <td>操作</td>
        </tr>
        <tr v-for="(item,i) in search(keywords)" :key="i">
            <td>{{item.id}}</td>
            <td>{{item.name}}</td>
            <td>{{item.time}}</td>
            <td><a @click.prevent="del(i)">删除</a></td>
        </tr>
        <tr>
            <td><input type="text"  v-model="id" /></td>
            <td><input type="text"  v-model="name" /></td>
            <td><input type="text" placeholder="搜索"  v-model="keywords" />
</td>
        </tr>
    </table>
```

代码解析如下。

v-for 将原先的"in list"修改成了"in search(keywords)"，其中，参数 keywords 没有加引号，说明是变量，Vue 会到 data 数据中找 keywords 变量，而 data 中的 keywords 就是用户输入搜索的学生姓名。

M 层代码如下。

```
<script>
    var vm = new Vue({
        el: '#main',
        data: {
            keywords: '',//用户输入搜索的学生姓名
        },
        methods: {
            search(keywords) {
                var newList = []
                this.list.forEach(item => {
                    if (item.name.indexOf(keywords) != -1) {
```

```
                newList.push(item)
            }
        })
        return newList
    }
  }
})
</script>
```

第 2 章

Vue.js 绑定样式及案例

 章节简介

本章讲解在 Vue.js 中如何绑定 CSS 样式，并通过样式绑定实现排他功能、选项卡功能等。样式绑定分为两种方式：一种是 class 类名样式绑定，另一种是 style 属性行内样式绑定。

2.1 class 类名绑定

视频讲解

class 类名绑定分为对象控制和数组控制。

2.1.1 对象控制绑定样式

CSS 代码如下。

```
<style>
  .redColor{color:red}
  .fSize{font-size: 20px;}
  .bgColor{background: #666;}
</style>
```

不使用 Vue 属性绑定类样式，而是使用正常的引用方式，代码如下。

```
<div id="app" v-cloak>
    <div class="redColor fSize bgColor">
```

```
    <h1>Hello World</h1>
  </div>
</div>
```

使用 Vue 属性绑定类样式，代码如下。

```
<div id="app" v-cloak>
  <div :class="{redColor:true,fSize:true,bgColor:true}">
   <h1> Hello World</h1>
  </div>
</div>
```

代码解析如下。

（1）使用属性绑定的形式绑定类样式用:class。

（2）class 属性值是对象，true 表示启用样式，false 表示移除样式。

除了在对象中直接使用 true 或 false 控制，class 类绑定更常用的一种使用方法是在 M 层控制，代码如下。

M 层代码如下。

```
<script>
  var vm = new Vue({
    el: '#app',
    data: {
      istrue: true
    },
    methods: {
    }
  })
</script>
```

视图层代码如下。

```
<div id="app" v-cloak>
  <div :class="{redColor:istrue}">
   <h1> Hello World</h1>
  </div>
</div>
```

代码解析如下。

使用:class，属性值就成为了变量，上述代码中的 istrue 就成了变量，会到 M 层找 istrue 变量，由于在 data 中定义了此变量，最终会直接取 istrue 变量的值。

2.1.2　数组控制绑定样式

```
<div id="app" v-cloak>
  <div :class="['redColor','fSize','bgColor']">
```

```
    <h1>Hello World</h1>
  </div>
</div>
```

代码解析如下。

:class 属性值为数组，要使用哪个样式，直接以字符串形式写入即可。

 注意：

数组里面的每一项必须使用字符串形式，否则就成了变量，会到 M 层中找这个变量。

视频讲解

2.2　style 行内样式绑定

style 属性行内样式绑定同样分为对象控制和数组控制。

2.2.1　对象控制绑定行内样式

视图层代码如下。

```
<div id="app" v-cloak>
    <div :style="{color:'red',fontSize:'20px'}">
     <h1> Hello World</h1>
    </div>
</div>
```

 注意：

（1）对象中的属性值同样是字符串。

（2）如果出现 font-size 这类属性，需要使用驼峰式命名，为 fontSize。

对象中如果不使用字符串，可以使用下述代码。

视图层代码如下。

```
<div id="app" v-cloak>
    <div :style="{color:red,fontSize:fSize}">
     <h1>Hello World</h1>
    </div>
</div>
```

M 层代码如下。

```
<script>
    var vm = new Vue({
      el: '#app',
      data: {
```

```
    red: 'red',
    fSize: 50 + 'px'
  },
  methods: {}
})
</script>
```

2.2.2　数组控制绑定行内样式

行内样式绑定使用数组控制，需要先在 M 层定义样式，代码如下。

M 层代码如下。

```
<script>
  var vm = new Vue({
    el: '#app',
    data: {
      redColor: {
        color: 'red'
      },
      fSize: {
        fontSize: '80px'
      }
    },
    methods: {}
  })
</script>
```

视图层代码如下。

```
<div id="app" v-cloak>
  <div id="app">
    <div :style="[redColor,fSize]">
     <h1>Hello World</h1>
    </div>
  </div>
</div>
```

2.3　Vue 绑定样式案例（标题排他）

视 频 讲 解

在 Vue 中，样式绑定是经常使用的，例如做选项卡、排他功能时都会用到，本节使用样式绑定来实现排他功能，代码如下。

CSS 代码如下。

```
<style>
    .redColor {
      color: red
    }
</style>
```

视图层代码如下。

```
<div id="app" v-cloak>
    <span :class="{redColor:isactive==0}">首页</span>
    <span :class="{redColor:isactive==1}">关于我们</span>
    <span :class="{redColor:isactive==2}">公司产品</span>
</div>
```

代码解析如下。

绑定 class 样式,当 isactive 等于 0 时 redColor 在"首页"生效,当 isactive 等于 1 时 redColor 在"关于我们"生效,当 isactive 等于 1 时 redColor 在"公司产品"生效。

isactive 是变量,需要在 M 层中找到 isactive,代码如下。

```
<script>
    var vm = new Vue({
      el: '#app',
      data: {
        isactive:0
      },
      methods: {}
    })
</script>
```

最后要做的是给"首页""关于我们""公司产品"绑定单击事件,使 data 中 isactive 的值发生相应的改变,代码如下。

视图层代码如下。

```
<div id="app" v-cloak>
    <span :class="{redColor:isactive==0}" @click="f1(0)">首页</span>
    <span :class="{redColor:isactive==1}" @click="f1(1)">关于我们</span>
    <span :class="{redColor:isactive==2}" @click="f1(2)">公司产品</span>
</div>
```

业务逻辑代码如下。

```
<script>
    var vm = new Vue({
      el: '#app',
      data: {
```

```
      isactive: 0
    },
    methods: {
      f1(i) {
        this.isactive = i
      }
    }
  })
</script>
```

代码解析如下。

（1）单击菜单调用 f1 函数，并进行传参。

（2）在 f1 函数中修改 isactive 值为传递过来的参数，修改 isactive 时，要注意加 this。

2.4　控制元素显示隐藏

本节讲解 v-if 和 v-show 指令的用法，这两个指令的作用是控制元素的显示和隐藏。

2.4.1　v-if 和 v-show 指令

案例 1：新建 div 元素，使用 v-if 和 v-show 控制元素的显示和隐藏，代码如下。

M 层代码如下。

```
<script>
  var vm = new Vue({
    el: '#app',
    data: {
      //定义 flag
      //true 为显示, false 为隐藏
      flag: true
    }
  })
</script>
```

视图层代码如下。

```
<div id="app" v-cloak>
  <div v-if="flag">
    <h1>v-if 的使用</h1>
  </div>
  <div v-show="flag">
    <h1>v-show 的使用</h1>
```

视 频 讲 解

```
    </div>
  </div>
```

代码解析如下。

v-if 和 v-show 都可以控制元素的显示和隐藏,当值为 true 时元素显示,当值为 false 时元素隐藏。

v-if 和 v-show 的区别:v-if 是直接删除或者创建元素,控制元素的显示和隐藏;v-show 是使用 display 样式控制元素的显示和隐藏。

案例 2:单击按钮控制 div 的显示和隐藏。

视图层代码如下。

```
<div id="app" v-cloak>
    <input type="button" value="单击" @click="toggle">
    <div v-if="flag">
      <h1>v-if 的使用</h1>
    </div>
    <div v-show="flag">
      <h1>v-show 的使用</h1>
    </div>
</div>
```

M 层代码如下。

```
<script>
    var vm = new Vue({
      el: '#app',
      data: {
        flag: true
      },
      methods: {
        toggle() {
          this.flag = !this.flag
        }
      }
    })
</script>
```

上述代码只做了一件事情,即单击按钮触发 toggle 事件,在 toggle 事件中让 flag 取反,最终实现单击按钮控制 div 元素的显示和隐藏。

v-if 和 v-else 的使用与原生 JS 的用法类似,代码如下。

视图层代码如下。

```
<div id="app" v-cloak>
    <div v-if="type=='A'">A</div>
    <div v-else-if="type=='B'">B</div>
```

```
    <div v-else>HELLO</div>
</div>
```

M 层代码如下。

```
<script>
    var vm = new Vue({
      el: '#app',
      data: {
        type: 'A'
      }
    })
</script>
```

代码解析如下。

上述代码中，判断 type 值，如果 type 值为 A 则执行 v-if，如果 type 值为 B 则执行 v-else-if，如果 type 值为其他字母则会执行 v-else。

2.4.2　v-if 实现选项卡案例

视 频 讲 解

本节将实现两个功能。
（1）实现单击菜单切换 div 盒子。
（2）实现菜单排他功能。
视图层代码如下。

```
<div id="app" v-cloak>
    <div>
        <span :class="{redColor:active==0}" @click="btn(0)">vue.js</span>
        <span :class="{redColor:active==1}" @click="btn(1)">node.js</span>
    </div>
    <div v-if="active==0">
      vue 内容
    </div>
    <div v-if="active==1">
      node 内容
    </div>
</div>
```

业务逻辑代码如下。

```
<script>
    var vm = new Vue({
      el: '#app',
      data: {
        active: 0
```

```
    },
    methods: {
      btn(i) {
        this.active = i
      }
    }
  })
</script>
```

代码解析如下。

菜单排他功能在前文做过一次，使用绑定 class 属性的形式，单击菜单触发 btn 方法，并进行参数传递。

在 btn 方法中，把 active 的值修改成用户所传递的值。

在 v-if 中只需要把 active 的值和菜单中 active 的值设置为相同即可。

2.5　简单版购物车实例

本节通过购物车实例巩固 v-for 循环遍历数据、v-model 数据双向绑定、数据定义、方法定义、v-if 等知识点。

2.5.1　购物车实例简介

视频讲解

由于还没有介绍网络数据请求，本节采用模拟数据进行购物车讲解，在此实例中将会讲解购物车数量计算、价格计算、购物车多选和全选等操作，最终效果如图 2-1 所示。

图 2-1　购物车实例效果图

2.5.2　静态页面布局

 注意：

下列代码只包括视图层代码和 M 层代码，样式代码可在配套资源中下载。

视图层代码如下。

```
<div id="app">
    <div class="head">购物车</div>
    <table cellpadding="5" cellspacing="0">
      <tr>
          <td><input type="checkbox" /></td>
          <td><img src="p1.jpg" /></td>
          <td>五香瓜子<span>19</span></td>
          <td>
              <button>-</button>
              <input type="text" value="1" />
              <button>+</button>
          </td>
      </tr>
      <tr>
          <td><input type="checkbox" /></td>
          <td><img src="p1.jpg" /></td>
          <td>五香瓜子<span>19</span></td>
          <td>
              <button>-</button>
              <input type="text" value="1" />
              <button>+</button>
          </td>
      </tr>
      <tr>
          <td><input type="checkbox" /></td>
          <td><img src="p1.jpg" /></td>
          <td>五香瓜子<span>19</span></td>
          <td>
              <button>-</button>
              <input type="text" value="1" />
              <button>+</button>
              <button>删除</button>
          </td>
      </tr>
    </table>
    <div class="footer">
```

```
        <input type="checkbox" />全选
        <i>总数量：100</i>
        <i>总价：1000</i>
    </div>
</div>
```

Vue 初始代码如下。

```
<script>
    var vm = new Vue({
        el: '#app',
        data: {
            msg: 'hello'
        }
    })
</script>
```

2.5.3　渲染购物车列表

（1）在 data 中模拟购物车数据，代码如下。

```
<script>
    var vm = new Vue({
        el: '#app',
        data: {
            //模拟购物车数据
            cartlist: [
                {
                    id: 1,
                    imgurl:
'https://i.loli.net/2021/04/29/YqZCykhzotGmx6D.jpg',
                    title: '瓜子',
                    price: 30,
                    num: 1,
                    check: false //记录是否选中
                },
                {
                    id: 2,
                    imgurl:
'https://i.loli.net/2021/04/29/dHNmEWJgCajtMr1.jpg',
                    title: '花生',
                    price: 30,
                    num: 1,
                    check: false
```

```
                },
                {
                    id: 3,
                    imgurl:
'https://i.loli.net/2021/04/29/12CdfSPayn5QOb6.jpg',
                    title: '西瓜子',
                    price: 30,
                    num: 2,
                    check: false
                }
            ]
        }
    })
</script>
```

代码解析如下。

对象中的 check 表示是否选中该商品，false 表示未选中，true 表示已选中。

（2）将 data 中定义的购物车数据渲染到视图层，代码如下。

```
<table cellpadding="5" cellspacing="0">
        <tr v-for="(item,i) in cartlist" :key="i">
            <td v-if="item.check"><input type="checkbox" checked /></td>
            <td v-else><input type="checkbox"/></td>
            <td><img :src="item.imgurl" /></td>
            <td>{{item.title}}<span>{{item.price}}</span></td>
            <td>
                <button>-</button>
                <input type="text" :value="item.num" />
                <button>+</button>
            </td>
        </tr>
</table>
```

代码解析如下。

使用 v-if 和 v-else 控制 checkbox 选中状态，当 v-if 结果为 true 时，checkbox 为选中状态。

2.5.4　修改商品选中状态

前述实例只是把商品渲染完成，并根据 check 属性值显示商品是否被选中。但是当选中 checkbox 复选框时，并不能实时修改 check 属性值，本节将实现商品选中状态的实时修改。

在视图层给 checkbox 添加单击事件，代码如下。

```
<tr v-for="(item,i) in cartlist" :key="i">
    <td v-if="item.check">
```

```
<input type="checkbox" checked @click="checkbtn(i)" />
</td>
<td v-else>
<input type="checkbox" @click="checkbtn(i)" />
</td>
</tr>
```

代码解析如下。

checkbtn(i)为事件方法，需要传递数组索引作为参数，其目的是记录具体操作的是哪一种商品。

在 methods 中定义 checkbtn 方法，代码如下。

```
methods: {
            //单击 checkbox 修改 check 值
            checkbtn(i) {
                //打印选中商品
                console.log(this.cartlist[i])
                //修改 check 属性
                this.cartlist[i].check = !this.cartlist[i].check
            }
        }
```

2.5.5　记录选中商品的总数量和总价格

当前我们已经实现了商品选中和取消状态的实时操作，本节实现选中商品的总数量和总价格功能。

（1）在 data 中定义 allPrice 和 allNum 属性，记录商品的总数量和总价格，代码如下。

```
data: {
            allPrice: 0,//总价格
            allNum: 0,//总数量
            //模拟购物车数据
            cartlist: [
                //...
            ]
},
```

（2）在视图层渲染商品的总数量和总价格，代码如下。

```
<div class="footer">
        <input type="checkbox" />全选
        <i>总数量：{{allNum}}</i>
        <i>总价格：{{allPrice}}</i>
</div>
```

（3）在 methods 中定义 getAllNum()方法，获取商品总数量，代码如下。

```
getAllNum() {
            var num=0
            for (var i = 0; i < this.cartlist.length; i++) {
               if (this.cartlist[i].check == true) {
                  //选中商品的数量（可能买多个）
                  num += parseInt(this.cartlist[i].num)
               }
            }
            this.allNum=num
}
```

代码解析如下。

循环遍历整个商品列表，当商品中的 check 属性为 true 时，表示选中了该商品。"this. cartlist[i].num"表示要购买当前选中商品的数量，最后把遍历出来的总数量赋值给 data 中的 allNum。

（4）在 checkbtn()方法中调用 getAllNum()方法，代码如下。

```
methods: {
            checkbtn(i) {
               console.log(this.cartlist[i])
               this.cartlist[i].check = !this.cartlist[i].check
               //获取总数量
               this.getAllNum()
            }
}
```

（5）在 methods 中定义 getAllPrice()方法，获取商品总价格，代码如下。

```
methods: {
            //获取总价格
            getAllPrice() {
               var num = 0
               for (var i = 0; i < this.cartlist.length; i++) {
                  if (this.cartlist[i].check == true) {
                     num += parseInt(this.cartlist[i].num) *
this.cartlist[i].price
                  }
               }
               this.allPrice = num
            },
}
```

代码解析如下。

循环遍历整个商品列表，当商品中的 check 属性为 true 时，表示选中了该商品，商品总价格为选中商品的数量×选中商品的价格，最后把遍历出来的商品总价赋值给 data 中的 allPrice。

（6）在 checkbtn()方法中调用 getAllPrice()方法，代码如下。

```
methods: {
            checkbtn(i) {
                console.log(this.cartlist[i])
                this.cartlist[i].check = !this.cartlist[i].check
                //获取总数量
                this.getAllNum()
                //获取总价格
                this.getAllPrice()
            },
    }
```

视频讲解

视频讲解

2.5.6　全选状态

全选分为两种状态，即状态 1：选中所有商品。当把所有的商品都选中时，最底部的"全选"复选框应该自动选中。状态 2：选中底部的"全选"复选框。当选中最底部的"全选"复选框时，列表中所有的商品应该都被选中。

1．状态 1：选中所有商品

（1）在 data 属性中，新增选中 allCheck 记录的总条数，如果选中的总条数等于商品列表的条数，表示选中了所有商品，代码如下。

```
data: {
            allCheck: 0,//选中总条数
            allPrice: 0,
            allNum: 0,
            cartlist: [
                //...
            ]
    },
```

（2）在 methods 中新增 getAllCheck()方法，获取选中商品的个数，代码如下。

```
methods: {
            //判断全选，获取选中个数
            getAllCheck() {
                var num = 0
                for (var i = 0; i < this.cartlist.length; i++) {
                    if (this.cartlist[i].check == true) {
```

```
                    num++
                }
            }
            this.allCheck = num
        },
    }
```

代码解析如下。

循环遍历整个商品列表，当商品中的 check 属性为 true 时，表示选中了该商品，最后把遍历出来的总数量赋值给 data 中的 allCheck。

（3）在 checkbtn()方法中调用 getAllCheck()方法，代码如下。

```
methods: {
        checkbtn(i) {
            console.log(this.cartlist[i])
            this.cartlist[i].check = !this.cartlist[i].check
            this.getAllNum()
            this.getAllPrice()
            //获取选中个数
            this.getAllCheck()
        },
    }
```

（4）使用 v-if 判断底部的全选按钮是否被选中，代码如下。

```
<div class="footer">
        <em v-if="allCheck==cartlist.length">
            <input type="checkbox" checked />全选
        </em>
        <em v-else>
            <input type="checkbox" />全选
        </em>
</div>
```

2．状态 2：选中底部的"全选"复选框

（1）在视图层给"全选"复选框增加 allCheckbtn 单击事件，代码如下。

```
<div class="footer">
        <em v-if="allCheck==cartlist.length">
            <input type="checkbox" checked  @click="allCheckbtn"/>全选
        </em>
        <em v-else>
            <input type="checkbox" @click="allCheckbtn"/>全选
        </em>
```

```
<i>总数量：{{allNum}}</i>
<i>总价：{{allPrice}}</i>
</div>
```

（2）在 methods 中新增 allCheckbtn()方法，实现全选功能，并计算商品数量和商品价格，代码如下。

```
allCheckbtn(e) {
                //判断"全选"复选框是否选中
                console.log(e.target.checked)
                if (e.target.checked) {
                    for (var i = 0; i < this.cartlist.length; i++) {
                        this.cartlist[i].check = true
                    }
                    //获取总数量
                    this.getAllNum()
                    //获取总价格
                    this.getAllPrice()
                } else {
                    for (var i = 0; i < this.cartlist.length; i++) {
                        this.cartlist[i].check = false
                    }
                    //获取总数量
                    this.getAllNum()
                    //获取总价格
                    this.getAllPrice()
                }
            }
```

代码解析如下。

为 allCheckbtn()方法添加事件参数 e，"e.target.checked"可以判断复选框是 true 还是 false，true 表示选中"全选"复选框，false 表示未选中"全选"复选框。

如果是选中状态，循环遍历整个商品列表，拿到每件商品的 check 属性，设置为选中状态 true，同时调用计算商品总数量和总价格的方法即可。

2.5.7　商品数量增加或减少

视频讲解

购物车的最后一个功能是商品数量的增加或减少，具体实现步骤如下。

（1）在视图层为"增加"和"减少"按钮处添加单击事件，并传入商品索引，表示具体操作哪条数据。

```
<button @click="min(i)">-</button>
<input type="text" :value="item.num" />
<button @click="add(i)">+</button>
```

（2）在 methods 中新增 add()和 min()方法，实现数量的增减，并获取商品总数量和商品总价格，代码如下。

```
methods: {
        add(i) {
            this.cartlist[i].num++
            //获取总数量
            this.getAllNum()
            //获取总价格
            this.getAllPrice()
        },
        min(i) {
            if (this.cartlist[i].num == 1) {
                return
            }
            this.cartlist[i].num--
            //获取总数量
            this.getAllNum()
            //获取总价格
            this.getAllPrice()
        }
    }
```

第 **3** 章

Vue.js 生命周期函数

章节简介

Vue 实例在创建、运行、销毁的过程中，会伴随各种事件（函数），这些事件就是 Vue 的生命周期函数，也可以叫作生命周期钩子，生命周期函数是学习 Vue 必须掌握的知识点之一。

生命周期函数可以分为 3 类，即创建期间生命周期函数、运行期间生命周期函数和销毁期间生命周期函数。

图 3-1 是 Vue 官网提供的 Vue 生命周期流程图，我们将按照图 3-1，讲解 Vue.js 生命周期函数。

3.1　创建期间生命周期函数

视频讲解

如图 3-1 的流程图所示，new Vue()表示创建 Vue 实例，init 表示实例初始化，在实例初始化的过程中，遇到第一个生命周期函数 beforeCreate，它属于创建期间生命周期函数。对于 beforeCreate 生命周期函数，要注意以下两个问题。

（1）周期函数在哪定义。

（2）在 beforeCreate 中，是否可以使用 data 中的数据和 methods 中的方法。

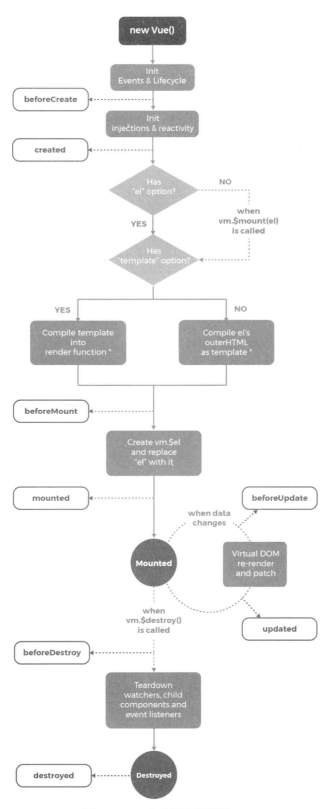

图 3-1　Vue 生命周期流程图

生命周期函数定义的位置与 data 属性、methods 属性平级，代码如下。

```
<script>
    var vm = new Vue({
        el: '#app',
        data: {
            msg:'Hello World'
        },
        methods: {
            show(){
                console.log('你好')
            }
        },
        //beforeCreate()
        beforeCreate(){
            console.log(this.msg)      //undefined
            this.show()                //报错
        }
    })
</script>
```

代码解析如下。

（1）生命周期函数不需要手动调用，在创建 Vue 实例的过程中会自动调用，所以 beforeCreate 函数会自动执行。

（2）在生命周期函数中，调用 data 中的数据和 methods 中的方法，同样要使用 this。

控制台运行结果如图 3-2 所示。

图 3-2　打印 data 中的数据和 methods 中的方法

```
console.log(this.msg)              //undefined
this.show()                        //报错
```

根据上述运行结果，对于 beforeCreate 生命周期函数，可以得出以下结论。

beforeCreate 在 Vue 实例创建之前，data 中的数据和 methods 中的方法并没有初始化，所以它不能被调用。

沿着流程图继续往下走，遇到创建期间的第二个生命周期函数 created。下面来看看在

created 中能否调用 data 中的数据和 methods 中的方法，代码如下。

```
<script>
  var vm = new Vue({
    el: '#app',
    data: {
      msg:'Hello World'
    },
    methods: {
      show(){
        console.log('你好')
      }
    },
    created(){
      console.log(this.msg)    //Hello World
      this.show()              //你好
    }
  })
</script>
```

控制台运行结果如图 3-3 所示。

图 3-3　打印 data 中的数据和 methods 中的方法

根据上述运行结果，可以得出以下结论。

（1）在 created 生命周期函数中，data 中的数据和 methods 中的方法已经被初始化完成，可以在页面中调用。

（2）因为可以操作 data 中的数据和 methods 中的方法，后期一般是在 created 生命周期函数中发送 Ajax 请求。

流程图中，接下来是判断实例中有没有 el 属性和 template 属性，我们要根据这两个属性挂载数据。

截至目前我们只学习了 el 属性，template 属性是在组件中讲解的，所以流程图中，我们先讲解有 el 属性的分支，最后再把 template 属性的结论告诉大家。

beforeMount 是创建期间的第三个生命周期函数，从这个生命周期函数开始，Vue 开始编译模板、渲染数据，要把 data 中的数据渲染到视图层的 HTML 页面上。

我们使用原生 JS 看看是否能获取到数据，代码如下。

视图层代码如下。

```
<div id="app" v-cloak>
    <h1 id="test">{{msg}}</h1>
</div>
```

M 层代码如下。

```
<script>
    var vm = new Vue({
      el: '#app',
      data: {
        msg: 'Hello World'
      },
      methods: {
        show() {
          console.log('你好')
        }
      },
      beforeMount() {
        console.log(document.getElementById('test').innerText) //{{msg}}
      }
    })
</script>
```

代码解析如下。

在视图层代码中给 h1 标签添加 id 属性，使用原生方法获取 h1 标签中的值，如下所示。

```
console.log(document.getElementById('test').innerText)
```

运行结果如图 3-4 所示。

图 3-4   获取 h1 标签中的值

根据上述运行结果，可以得出以下结论。

在 beforeMount 生命周期函数中，Vue 开始编译模板、渲染数据，但数据只是在内存中渲染的，并没有真实挂载到 HTML 页面上，所以控制台打印的是 Vue 源码，而不是真实的数据。

沿着流程图继续往下看，创建期间的最后一个生命周期函数是 mounted，它表示数据渲染完成，真实挂载到页面中，代码如下。

视图层代码如下。

```
<div id="app" v-cloak>
    <h1 id="test">{{msg}}</h1>
</div>
```

M 层代码如下。

```
<script>
    var vm = new Vue({
      el: '#app',
      data: {
        msg: 'Hello World'
      },
      methods: {
        show() {
          console.log('你好')
        }
      },
      mounted() {
        console.log(document.getElementById('test').innerText)
      }
    })
</script>
```

运行结果如图 3-5 所示。

图 3-5　打印 h1 标签中的内容

根据上述运行结果，可以得出以下结论。

mounted 生命周期函数的打印结果是"Hello World"，说明内存中的数据已经挂载到页面中，Vue 实例创建完成。

3.2　运行期间生命周期函数

视 频 讲 解

沿着流程图继续往下看，将遇到运行期间生命周期函数。运行期间的第一个生命周期函数是 beforeUpdate。

注意：

并不是所有的 Vue 实例都会触发运行期间生命周期函数，当 data 中的数据发生改变时才会触发，如果 data 中的数据自始至终没有改变，那么运行期间的生命周期函数将不会被触发。

在视图层添加"修改"按钮，单击"修改"按钮修改 data 中的数据，代码如下。

视图层代码如下。

```
<div id="app" v-cloak>
    <h1 id="test">{{msg}}</h1>
    <input type="button" value="修改"  @click='f1'>
</div>
```

M 层代码如下。

```
<script>
    var vm = new Vue({
        el: '#app',
        data: {
            msg:'Hello World'
        },
        methods:{
            f1(){
                this.msg='Hello Vue'
            }
        },
        beforeUpdate(){
            console.log('打印内存中的数据: '+this.msg)          //是最新的
            console.log('打印页面中的数据'+document.getElementById('test')
.innerText)                                                   //是旧的
        }
    })
</script>
```

运行结果如图 3-6 所示。

图 3-6   beforeUpdate 打印页面和内存中的数据

代码解析如下。

单击按钮修改 data 中 msg 的数据，当数据发生改变时，就会触发 beforeUpdate 生命周期函数，此时可以打印内存中的 msg，其值是最新的，即"Hello Vue"。

但是在 beforeUpdate 中，页面上的值依然是"Hello World"，说明此时 Vue 只是在内存中完成了编译，并没有挂载到真实页面中。

运行期间的最后一个周期函数为 updated，同样执行上述打印，代码如下。

```
<script>
  var vm = new Vue({
    el: '#app',
    data: {
      msg: 'Hello World'
    },
    methods: {
      f1() {
        this.msg = 'Hello Vue'
      }
    },
    updated() {
      console.log('打印内存中的数据：' + this.msg)      //是最新的
      console.log('打印页面中的数据' + document.getElementById
('test').innerText)                              //是最新的
    }
  })
</script>
```

运行结果如图 3-7 所示。

图 3-7　updated 打印页面和内存中的数据

根据上述运行结果，可以得出以下结论。

当 data 中数据发生变化时会触发 updated 函数，此时才真正把内存中修改后的数据挂载到页面中。

3.3　销毁期间生命周期函数

当关闭页面或者关闭浏览器时，Vue 实例进入销毁期间。销毁期间有两个生命周期函数，即 beforDestroy 和 destroyed，这两个函数不经常用到，大家直接记结论即可。

beforDestroy 生命周期函数中，Vue 实例的 data 数据和 methods 方法等都可以正常使用。

destroyed 生命周期函数中，data 数据和 methods 方法被销毁，则不能使用。

3.4 扩　　展

虽然前文中并没有讲解组件，也没有介绍 template 属性，但这里把结论先告诉大家，用以理解知识点。

情况一：Vue 实例中既没有 el 属性，也没有 template 属性，程序会报错。

情况二：只有 el 属性，el 中的 HTML 代码就是要渲染的内容。

情况三：只有 template 属性，template 中的代码就是要渲染的内容（组件详解）。

情况四：template 属性和 el 属性都存在时，这是扩展中的重点。当两者都存在时，template 中的内容会替换 el 中的内容，因为 template 的优先级高于 el，代码如下。

视图层代码如下。

```
<div id="app" v-cloak>
    <h1>{{msg}}</h1>
</div>
```

M 层代码如下。

```
<script>
    var vm = new Vue({
      el: '#app',
      template:'<h1>我是 template 内容</h1>',
      data: {
        msg: 'Hello World'
      },
      methods: {
      }
    })
</script>
```

运行结果如图 3-8 所示。

图 3-8　渲染 template 标签内容

运行结果显示，el 控制的 div 盒子会被 template 模板中的内容替换。

第4章

Vue.js 动画

🌐 **章节简介**

　　动画是每个项目中必不可少的，在项目中添加动画可以提高页面的交互效果，提升用户体验。本章讲解在 Vue.js 中如何使用动画、如何使用自定义动画、如何使用 CSS3 动画、如何使用列表动画等知识点。

4.1　Vue 单组动画

视频讲解

　　本节讲解 Vue 单组动画，Vue 中的动画和 CSS3 中的动画有所不同，Vue 中的动画主要用来增加页面交互性，提升用户体验。例如淡入、淡出等一些简单的动画效果，并不适合做复杂的动画特效。

　　图 4-1 是 Vue 官网提供的动画流程图，只要深入理解了图 4-1 的内容，就可以掌握 Vue 动画。

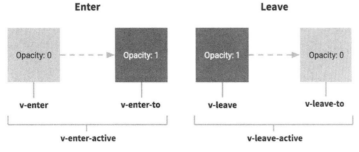

图 4-1　Vue 动画流程图

这是一个完整的动画执行过程，Enter 是入场动画，Leave 是离场动画。

1. Enter 入场动画

入场动画有两个时间点，即 v-enter 和 v-enter-to，表示透明度从 0 到 1 的转换，v-enter 时间点表示动画进入之前的起始状态，v-enter-to 时间点表示动画进入之后的状态。

从起始状态到结束状态需要一定的时间，而这个时间段就是 v-enter-active。

2. Leave 离场动画

离场动画同样有两个时间点和一个时间段，表示透明度从 1 到 0 的转换，v-leave 表示离开之前的状态，v-leave-to 表示离开之后的状态，v-leave-active 表示时间段。

从图 4-1 可以看出，动画进入之前和离开之后的状态是一样的，动画进入之后和离开之前的状态也是一样的，下面根据上述分析做一个 Vue 动画案例。

案例：单击按钮，控制元素的显示和隐藏。

（1）无动画版本，代码如下。

视图层代码如下。

```
<div id="app" v-cloak>
    <input type="button" value="toggle" @click="toggleFn">
    <div v-if="flag">
      <h1>Hello</h1>
    </div>
</div>
```

逻辑代码如下。

```
<script>
    var vm = new Vue({
      el: '#app',
      data: {
        msg: 'Hello World',
        flag: true
      },
      methods: {
        toggleFn() {
          this.flag = !this.flag
        }
      }
    })
</script>
```

代码解析如下。

使用 v-if 控制 div 的显示和隐藏，当单击按钮时，使 flag 的值取反。

缺点：没有动画效果，div 的显示和隐藏比较突兀。

（2）Vue 动画版本。

使用 Vue 动画需要做两步。

① 用 transition 标签包裹，需要添加动画的元素。

② 添加两组 CSS 样式，代码如下。

视图层代码如下。

```
<div id="app" v-cloak>
   <input type="button" value="toggle" @click="toggleFn">
   <transition>
     <div v-if="flag">
       <h1>Hello</h1>
     </div>
   </transition>
</div>
```

CSS 样式代码如下。

```
<style>
   /*两个时间点*/
   .v-enter,
   .v-leave-to {
     opacity: 0;
     transform: translateX(100px);
   }

   .v-enter-active,
   .v-leave-active {
     transition: all 0.5s ease;
   }
</style>
```

代码解析如下。

由于要给 div 元素添加动画效果，首先使用 transition 标签把 div 元素包裹起来，重点是 CSS 样式的添加，进入之后的样式不需要考虑，进入之前和离开之后的状态是一样的，透明度都为 0，所以使用"opacity:0"。

transform 属性只是为了让动画看起来更加明显，也可以不加，如果不加则只是淡入、淡出的效果。

两个时间段用于设置动画的执行时间、执行速度等，这就是一个完整的 Vue 动画实例，运行一下代码则会更加容易理解 Vue 动画。

4.2　Vue 定义多组动画

视 频 讲 解

在一个页面中，可以给多个元素添加动画效果，4.1 节中的案例是单击按钮让 div 元素从右往左过渡，本节新增元素，单击按钮让 div 元素从下往上过渡，代码如下。

视图层代码如下。

```
<div id="app" v-cloak>
    <input type="button" value="toggle" @click="toggleFn">
    <transition>
      <div v-if="flag">
        <h1>Hello</h1>
      </div>
    </transition>
    <hr>
    <input type="button" value="toggle" @click="toggleFn2">
    <transition name="myF">
      <div v-if="flag2">
        <h2>Hello</h2>
      </div>
    </transition>
</div>
```

CSS 代码如下。

```
<style>
    /*动画一*/
    .v-enter,
    .v-leave-to {
      opacity: 0;
      transform: translateX(100px);
    }

    .v-enter-active,
    .v-leave-active {
      transition: all 0.5s ease;
    }

    /*动画二*/

    .myF-enter,
    .myF-leave-to {
      opacity: 0;
      transform: translateY(100px);
    }

    .myF-enter-active,
    .myF-leave-active {
      transition: all 0.5s ease;
```

```
    }

</style>
```

逻辑代码如下。

```
<script>
    var vm = new Vue({
      el: '#app',
      data: {
        msg: 'Hello World',
        flag: true,
        flag2: true,
      },
      methods: {
        toggleFn() {
          this.flag = !this.flag
        },
        toggleFn2() {
          this.flag2 = !this.flag2
        }
      }
    })
</script>
```

代码解析如下。

要做一个多次使用动画的动画，首先需要给 transition 添加 name 属性，代码为"<transition name="myF">"。

然后使用 CSS 定义两组样式即可，同样是两个时间点和两个时间段的样式，只需要把之前的"v-"修改成"myF-"即可，myF 是自定义的属性名。

运行上述代码发现，单击不同的按钮会显示不同的动画效果。

4.3　使用 animate 动画库

视频讲解

Vue 动画可以引用 CSS3 动画库，CSS3 提供了数十种炫酷效果，本节讲解如何使用 CSS3 动画，案例同样是"单击按钮控制 div 的显示和隐藏"，代码如下。

在 head 标签中引入 animation.css。

```
<link rel="stylesheet" href="./css/animation.css"/>
```

视图层代码如下。

```
<div id="app" v-cloak>
    <input type="button" value="toggle" @click="toggleFn">
```

```
    <transition enter-active-class="animated bounceIn" leave-active-class=
"animated bounceOut">
    <div v-if="flag">
        <h1>Hello</h1>
    </div>
</transition>
```

代码解析如下。

（1）因为使用了 CSS3 动画库，所以不需要再写两组 CSS 样式。

（2）enter-active-class 表示入场动画，leave-active-class 表示离场动画。

（3）入场动画和离场动画的样式名可在 http://www.mm2018.com/index.php/Special/view_uprecord/uprecord_id/110.html 搜索，CSS3 动画库如图 4-2 所示。在这里有数十种效果可供选择，只需要修改入场动画、出场动画的样式名即可。

图 4-2　CSS3 动画库

视频讲解

4.4　transition-group 列表动画

transition 标签只能让单个元素添加动画效果，大多数情况下，列表用得比较多，如 li 列表，这里就要用到列表动画 transition-group。

案例需求：在文本框中添加内容，单击"添加"按钮，增加列表动画，效果如图 4-3 所示。

图 4-3　列表动画案例效果图

需求描述如下。

（1）使用 v-for 渲染 li 列表。

（2）初次进入页面时，li 列表从下往上过渡。

（3）可新增数据，并且新增的数据从下往上过渡。

CSS 过渡代码如下。

```
<style>
  .v-enter,
  .v-leave-to {
    opacity: 0;
    transform: translateY(100px)
  }

  .v-enter-active,
  .v-leave-active {
    transition: all 1s ease;
  }
</style>
```

视图层代码如下。

```
<div id="main" v-cloak>
  <transition-group appear tag="ul">
    <li v-for="item in list" :key="item.id">
      {{item.id}}---{{item.name}}---{{item.age}}
    </li>
  </transition-group>
  <input type="text" placeholder="id" v-model="id" />
  <input type="text" placeholder="name" v-model="name" />
  <input type="text" placeholder="age" v-model="age" />
  <input type="button" value="添加" @click="add" />
</div>
```

逻辑代码如下。

```
<script>
  var app = new Vue({
    el: '#main',
    data: {
      id: '',
      name: '',
      age: '',
      list: [{
          id: 1,
```

```
          name: '小明',
          age: 18
        },
        {
          id: 2,
          name: '小红',
          age: 19
        },
        {
          id: 3,
          name: '小刚',
          age: 18
        }
      ]
    },
    methods: {
      add: function () {
        //分别获取文本框值
        //组织新对象
        //使用 push 方法
        var newstu = {
          id: this.id,
          name: this.name,
          age: this.age
        };
        this.list.push(newstu)
        this.id = ''
        this.name = ''
        this.age = ''
      }
    }
  })
</script>
```

代码解析如下。

（1）对于需要添加动画的列表，使用 transition-group 标签包裹。

（2）添加两组 CSS 样式。

（3）tag="ul"表示 transition-group 会渲染成一个 ul 标签。

（4）apper 表示给列表添加入场动画。

第5章

Vue.js 组件

章节简介

Vue.js 的核心思想是数据驱动视图和组件化，组件是 Vue 非常重要的功能模块，其作用是拆分代码、代码复用等。本章讲解组件的多种创建方式、组件之间的数据传递、为组件添加动画等内容。

5.1　创建全局组件

本节讲解组件的创建方式，组件分为全局组件和私有组件，先介绍全局组件的创建方式。全局组件创建方式有 3 种，下面详细介绍。

5.1.1　组件创建方式一

视图层代码如下。

```
<div id="main">
    <mycom1></mycom1>
</div>
```

组件代码如下。

```
<script>
    var compontent1 = Vue.extend({
```

```
    template: '<h1>组件</h1>' //渲染到页面上的 HTML 代码
  })
  //组件的自定义名字
  Vue.component('mycom1', compontent1)
</script>
```

代码解析如下。

（1）使用 Vue.extend 方法配置要渲染到页面中的 HTML 代码。

（2）使用 Vue.component 方法注册组件，有两个参数：第一个参数为组件名字；第二个
参数是要渲染的 HTML 代码。

（3）组件以标签形式调用。

 扩展：

当前组件的名字为 mycom1，组件的名字可以使用驼峰式命名法，如 myCom1，如果使用
了该命名法，则在视图层可以使用横线拼接。

```
<my-com1></my-com1>
```

注意：

template 属性只能有一个根节点。

5.1.2　组件创建方式二

视图层代码如下。

```
<div id="main">
    <mycom2></mycom2>
</div>
```

组件代码如下。

```
<script>
  Vue.component('mycom2', {
    template: '<h1>组件的第二种创建形式</h1>'
  })
</script>
```

代码解析如下。

直接使用 Vue.component 注册组件，第一个参数是组件名字，第二个参数是要渲染的
HTML 代码。

5.1.3　组件创建方式三

使用前两种方式有个缺点，即 template 属性值是字符串，没有代码提示，不利于写复杂代

码。使用方式三可解决这个问题，代码如下。

视图层代码如下。

```
<div id="main">
    <mycom3></mycom3>
  </div>
  <template id="temp">
    <div>
      <h1>创建组件的第三种方式</h1>
    </div>
</template>
```

组件代码如下。

```
<script>
    Vue.component('mycom3', {
      template: '#temp'
    })
</script>
```

代码分析如下。

创建方式依然使用 Vue.component，只是把配置对象中的 template 属性值抽离成 template
模板。把 template 模板放到视图层，就可以正常写 HTML 代码，会有代码提示功能。

5.2　创建私有组件

视频讲解

5.1 节介绍了创建全局组件的 3 种方式，全局组件可以在任意的 Vue 实例中使用，而私有
组件只能在一个 Vue 实例中使用，下面开始创建私有组件，代码如下。

视图层代码如下。

```
<div id="main">
    <mycom4></mycom4>
</div>
```

Vue 实例代码如下。

```
<script>
    var vm = new Vue({
      el: '#main',
      data: {},
      methods: {},
      //私有组件
      components: {
```

```
        mycom4: {
          //同样可以拆分
          template: '<h1>私有组件</h1>'
        }
      }
    })
  </script>
```

代码解析如下。

在 Vue 实例对象中，私有组件是 components 属性，它和 data 属性、methods 属性平级。components 属性值为对象，可以任意创建组件，上述代码中的 mycom4 是组件名字。

由于代码都写在 vm 实例对象中，降低了代码阅读性，为解决这个问题可以使用私有组件拆分代码，代码如下。

视图层代码如下。

```
<div id="main">
    <mycom4></mycom4>
    <mycom5></mycom5>
</div>
```

vm 实例代码如下。

```
<script>
    var mycom5 = {
      template: '<h1>私有组件拆分</h1>'
    }
    var vm = new Vue({
      el: '#main',
      data: {},
      methods: {},
      components: {
        mycom4: {
          template: '#temp2'
        },
        mycom5: mycom5
      }
    })
</script>
```

代码解析如下。

在 components 属性中新建 mycom5 组件，其值是 mycom5 变量，mycom5 变量所储存的就是要渲染的 HTML 代码。

在对象中，当属性名和属性值相同时可以简写，所以组件代码可以这样写，如下所示。

```
<script>
    var mycom5 = {
      template: '<h1>私有组件拆分</h1>'
    }
    var vm = new Vue({
      el: '#main',
      data: {},
      methods: {},
      components: {
        mycom4: {
          template: '#temp2'
        },
        //es6 语法简写成 mycom5
        mycom5,
      }
    })
</script>
```

使用 es6 语法，简写成 mycom5。

5.2.1　组件中的 data 和 methods

可以把组件当成一个 Vue 实例对象，在 Vue 实例对象中使用过 data 属性、methods 属性以及生命周期函数等，在组件中同样也可以使用这些属性，但使用方法并不完全一样，例如以下组件代码。

视 频 讲 解

```
<script>
    var mycom5 = {
      template: '<h1>组件--{{msg}}</h1>',
      data() {
        return {
          msg:'Hello'
        }
      },
      methods: {}
    }
    var vm = new Vue({
      el: '#main',
      data: {},
      methods: {},
      components: {
        //es6 语法简写成 mycom5
        mycom5,
      }
```

```
  })
</script>
```

代码解析如下。

和 template 属性平级，可以写 data 属性和 methods 属性，组件中的 data 与 Vue 实例中的 data 用法不同。

Vue 实例中的 data 是一个对象，可以直接写数据，组件中的 data 是一个方法，并且必须返回一个对象。在 return 的对象中存储数据，组件中 methods 属性的使用方法和 Vue 实例中 methods 属性的使用方法是一样的，都是存储方法。

5.2.2　组件选项卡切换案例

视频讲解

本节制作组件选项卡切换案例，分为双组件切换和多组件切换。

1. 双组件切换

视图层代码如下。

```
<div id="app" v-cloak>
    <a @click="tab(1)">登录</a>
    <a @click="tab(0)">注册</a>
    <com1 v-if="flag"></com1>
    <com2 v-else></com2>
</div>
```

Vue 实例代码如下。

```
<script>
    var com1 = {
      template: '<h1>login 组件</h1>'
    }
    var com2 = {
      template: '<h1>register 组件</h1>'
    }
    var vm = new Vue({
      el: '#app',
      data: {
        flag: true
      },
      methods: {
        tab(i) {
          if (i == 1) {
            this.flag = true
          } else {
            this.flag = false
```

```
      }
    }
  },
  components: {
    com1,
    com2
  }
})
</script>
```

代码解析如下。

（1）此案例练习私有组件的创建，com1 和 com2 是两个私有组件。

（2）使用 v-if 和 v-else 控制组件的显示和隐藏。

（3）绑定单击事件，根据传递的参数控制 flag 属性的值。

2．多组件切换

使用 v-if 和 v-else 只能实现两个组件之间的切换，使用<component>标签可以实现多组件切换，代码如下。

视图层代码如下。

```
<div id="app" v-cloak>
    <a @click="tab('com1')">登录</a>
    <a @click="tab('com2')">注册</a>
    <a @click="tab('com3')">首页</a>
    <!--组件的名称是字符串，需要使用引号-->
    <component :is="comName"></component>
</div>
```

Vue 实例代码如下。

```
<script>
    var com1 = {
      template: '<h1>login 组件</h1>'
    }
    var com2 = {
      template: '<h1>register 组件</h1>'
    }
    var com3 = {
      template: '<h1>首页</h1>'
    }
    var vm = new Vue({
      el: '#app',
      data: {
        comName: 'com1'
```

```
      },
      methods: {
        tab(i) {
          this.comName = i
        }
      },
      components: {
        com1,
        com2,
        com3
      }
    })
</script>
```

代码解析如下。

（1）练习私有组件创建（com1、com2、com3）。

（2）把组件放到 component 标签，绑定 is 属性，is 属性的值是哪个组件，页面就会显示哪个组件。

（3）添加单击事件，把组件名字传递给 comName 变量。

观看视频讲解更易理解本案例。

5.3　动　画　组　件

视 频 讲 解

5.2.2 节中的代码只实现了组件之间的切换，并没有实现动画效果，接下来可以给组件切换添加动画，代码如下。

视图层代码如下。

```
<transition mode="out-in">
    <component :is="comName"></component>
</transition>
```

CSS 样式代码如下。

```
<style>
    .v-enter,
    .v-leave-to {
      opacity: 0;
      transform: translateX(100px)
    }

    .v-enter-active,
    .v-leave-active {
      transition: all 1s ease;
```

```
    }
</style>
```

代码解析如下。

如果想对元素添加动画效果，只需要使用 transition 标签包裹，然后添加两组样式类即可。mode 是动画模式，组件切换时，让原先的组件先隐藏，新组件再显示，从而提升了交互效果。

5.4　组件传值

组件传值是组件中的重要知识点，一般分为父组件向子组件传值、父组件向子组件传递方法以及子组件向父组件传值。

5.4.1　父组件向子组件传值

视 频 讲 解

本节讲解父组件向子组件传数据，需先声明组件，代码如下。

```
<div id="app" v-cloak>
    <com1></com1>
  </div>
<script>
    var com1 = {
      template: '<h1>组件传值</h1>'
    }
    var vm = new Vue({
      el: '#app',
      data: {
        //父组件的 msg 传到子组件 com1 中
        msg: 'Hello World'
      },
      methods: {},
      components: {
        com1
      }
    })
</script>
```

代码解析如下。

在 vm 实例中声明 com1 私有组件，我们可以把 vm 实例对象看成父组件，同时把 com1 看成子组件，需求是把 vm 实例 data 中的 msg 属性传递给子组件 com1。

父组件向子组件传值需要两步。

（1）把数据通过 v-bind 自定义属性传递给子组件。

（2）子组件中使用 props 接收自定义属性，代码如下。

视图层代码如下。

```
<div id="app" v-cloak>
    //使用 v-bind 绑定自定义属性，属性值就是传递的数据
    <com1 :sendmsg="msg"></com1>
</div>
```

Vue 实例代码如下。

```
<script>
    var com1 = {
      template: '<h1>组件传值--{{sendmsg}}</h1>',
      //使用 props 接收自定义属性中的数据
      props:['sendmsg']

    }
    var vm = new Vue({
      el: '#app',
      data: {
        //父组件的 msg 传到子组件 com1 中
        msg: 'Hello World'
      },
      methods: {},
      components: {
        com1
      }
    })
</script>
```

代码解析如下。

（1）使用 v-bind 绑定自定义属性，属性值就是传递的数据。

（2）使用 props 接收组件自定义属性中的数据。

扩展：

子组件中接收数据的方法有两种：一种是数组形式，一种是对象形式。以对象形式接收数据的代码如下。

```
<script>
    var com1 = {
      template: '<h1>组件传值--{{sendmsg}}</h1>',
      //props:['sendmsg']
      //对象形式
      props: {
```

```
      sendmsg: {
        //传递的数据类型
        type: String
      }
    }
  }
</script>
```

代码解析如下。

使用对象形式须注意接收的数据类型。

5.4.2　父组件向子组件传递方法

视 频 讲 解

案例需求：在父组件中定义 show 方法，在子组件中定义按钮，单击子组件中的按钮，调用父组件中的 show 方法，基础代码如下。

视图层代码如下。

```
<div id="app" v-cloak>
    <!--视图层显示 com1 组件-->
    <com1></com1>
  </div>
<!--com1 组件的 HTML 代码-->
  <template id="temp">
    <div>
      <input type="button" value="子组件中的按钮">
    </div>
</template>
```

Vue 实例代码如下。

```
<script>
    //com1 组件
    var com1 = {
      template: '#temp',
      data() {
        return {
          c_msg: '子组件内容'
        }
      },
      methods: {
      }
    }
    var vm = new Vue({
      el: '#app',
```

```
        data: {
          msg: 'Hello World'
        },
        methods: {
          //父组件中的 show 方法
          show() {
            console.log('父组件中的方法')
          }
        },
        components: {
          com1
        }
      })
</script>
```

要实现父组件向子组件传递方法，同样需要两个步骤。

（1）把父组件中的 show 方法，通过 v-on 自定义事件传递给子组件。

（2）在子组件中通过 this.$emit()触发父组件中的方法，代码如下。

视图层代码如下。

```
<div id="app" v-cloak>
    <!--1. 父组件中的 show 方法通过自定义事件传递给 com1 组件-->
    <com1 @sendfn="show"></com1>
  </div>
  <!--com1 组件的 HTML 代码-->
  <template id="temp">
    <div>
      <!--给子组件按钮添加单击事件-->
      <input type="button" value="子组件中的按钮" @click="c_show">
    </div>
</template>
```

子组件代码如下。

```
<script>
    //com1 组件
    var com1 = {
      template: '#temp',
      data() {
        return {
          c_msg: '子组件内容'
        }
      },
      methods: {
```

```
    //2. 子组件定义自己的 c_show 方法，实际触发的是父组件传过来的方法
    c_show() {
      this.$emit('sendfn')
    }
  }
}
var vm = new Vue({
  el: '#app',
  data: {
    msg: 'Hello World'
  },
  methods: {
    //父组件中的 show 方法
    show() {
      console.log('父组件中的方法')
    }
  },
  components: {
    com1
  }
})
</script>
```

代码解析如下。

（1）通过 v-on 事件绑定把父组件方法传递给子组件。

（2）子组件通过"this.$emit()"触发父组件中的方法。

5.4.3　子组件向父组件传值

子组件向父组件传值有一个前提条件，即需要掌握 5.4.2 节的知识点"父组件向子组件传递方法"。

视 频 讲 解

把子组件数据传给父组件，有两个步骤。

（1）在子组件中，this.$emit()从第二个参数开始就是要传递的数据。

（2）在父组件的方法中接收传递过来的数据，代码如下。

```
<div id="app" v-cloak>
  <com1 @sendfn="show"></com1>
</div>
<template id="temp">
  <div>
    <input type="button" value="子组件中的按钮" @click="c_show">
  </div>
</template>
```

```
<script>
  //com1 组件
  var com1 = {
    template: '#temp',
    data() {
      return {
        c_msg: '子组件内容'
      }
    },
    methods: {

      c_show() {
        //1. this.$emit()中从第二个参数开始就是要传递的数据，这里是把 c_msg 传递给父
组件
        this.$emit('sendfn', this.c_msg)
      }
    }
  }
  var vm = new Vue({
    el: '#app',
    data: {
      msg: 'Hello World'
    },
    methods: {
      //2. 使用形参接收子组件传递过来的数据
      show(data) {
        console.log('父组件中的方法---' + data) //结果为"子组件内容"
      }
    },
    components: {
      com1
    }
  })
</script>
```

代码解析如下。

重点分为两个步骤。

（1）在 this.$emit()方法中传递数据。

（2）在父组件方法中接收数据。

案例：子组件向父组件传递列表，父组件渲染列表，代码如下。

视图层代码如下。

```
<div id="app" v-cloak>
```

```
<com1 @sendfn="show"></com1>
<ul>
    //5. 使用 v-for 渲染父组件中的数据
    <li v-for="(item,i) in list" :key="item.id">
        {{item.id}}--{{item.name}}
    </li>
</ul>
</div>

<template id="temp">
    <div>
        <h1 @click="c_show">子组件</h1>
    </div>
</template>
```

逻辑代码如下。

```
<script>
    var com1 = {
        template: '#temp',
        data() {
            return {
                c_msg: '子组件内容',
                //1. 在子组件中创建列表
                c_list: [{
                        id: 1,
                        name: 'Vue'
                    },
                    {
                        id: 2,
                        name: 'PHP'
                    },
                    {
                        id: 3,
                        name: 'JAVA'
                    }
                ]
            }
        },
        methods: {
            c_show() {
                //2. 把 this.c_list 传递给父组件
                this.$emit('sendfn', this.c_list)
            }
```

```
      }
    }
    var vm = new Vue({
      el: '#app',
      data: {
        msg: 'Hello World',
        list: []
      },
      methods: {
        //3. 在父组件中接收子组件传递的数据
        show(data) {
          console.log('父组件中的方法----' + data)
          //4. 把数据挂载到父组件中的 data
          this.list = data
          console.log(this.list)
        }
      },
      components: {
        com1
      }
    })
</script>
```

代码解析如下。

重点分为 5 个步骤。

（1）在子组件中创建列表。

（2）把 this.c_list 传递给父组件。

（3）在父组件中接收子组件传递的数据。

（4）把数据挂载到父组件中的 data。

（5）使用 v-for 渲染父组件中的数据。

5.5　Vue 获取 DOM 元素的方法（ref）

视 频 讲 解

在 Vue 中，官方并不建议使用原生 JS 操作 DOM 元素，例如 document.getElementById 是不推荐的。但是在一个项目中，偶尔还是需要操作 DOM 元素的，于是 Vue 给出了解决方案，即使用 ref 操作 DOM。

5.5.1　ref 获取普通 DOM 元素

打开控制台，打印 vm 实例对象，打印结果如图 5-1 所示。

图 5-1　打印 vm 实例对象

如图 5-1 所示，Vue 实例对象中有$refs 属性，当前只是一个空对象，$refs 属性就是操作 DOM 元素的属性。

我们来做这样一件事情，在视图层创建 h1 标签，单击按钮打印 h1 标签中的文本，代码如下。

视图层代码如下。

```
<div id="app" v-cloak>
    //1. 为h1标签添加 ref 属性，属性值自定义
    <h1 ref="h1text">Hello Vue</h1>
    <input type="button" value="单击" @click="btn">
</div>
```

Vue 实例代码如下。

```
<script>
    var vm = new Vue({
      el: '#app',
      data: {
      },
      methods: {
        btn() {
          //2. 使用 this.$refs.h1text 即可获取到 h1 标签
          console.log(this.$refs.h1text.innerText)
        }
      },
      components: {
      }
```

```
    })
</script>
```

代码解析如下。

（1）如果想使用哪个 DOM 元素，就在相应元素上添加 ref 属性。

（2）使用 this.$refs.属性名获取元素对象。

5.5.2　ref 获取组件元素

ref 不仅可以操作 DOM 元素，还可以直接操作组件中的数据和方法，代码如下。
视图层代码如下。

```
<div id="app" v-cloak>
    <h1 ref="h1text">Hello Vue</h1>
    //2. 给组件添加 ref 属性
    <login ref="mylogin"></login>
    <input type="button" value="单击" @click="btn">
</div>
```

vm 实例代码如下。

```
<script>
    //1. 创建组件
    var login = {
      template: '<div><h1>登录</h1></div>',
      data() {
        return {
          //声明数据
          msg: '子组件内容！'
        }
      },
      methods: {
        //声明方法
        show() {
          console.log('子组件方法')
        }
      }
    }

    var vm = new Vue({
      el: '#app',
      data: {},
      methods: {
        btn() {
```

```
        //3. 使用 this.$refs.h1text 即可获取到 h1 标签
        console.log(this.$refs.h1text.innerText)
        console.log(this.$refs.mylogin.msg)
        this.$refs.mylogin.show()
      }
    },
    components: {
      login
    }
  })
</script>
```

代码解析如下。

（1）创建组件，声明数据和方法。

（2）给组件添加 ref 属性。

（3）使用 this.$refs.属性名获取组件。

第6章

Vue.js 路由

🌐 **章节简介**

路由作为 Vue.js 的重点知识点之一，应用非常广泛。本章讲解路由的安装及使用，使大家掌握通过路由切换组件、给路由传递参数、使用路由布局页面等知识点。

视频讲解

6.1 什么是路由

路由就是 URL 地址，地址不同，则显示的页面内容不同，路由分为前端路由和后端路由，Vue 属于前端框架，因此我们讲解的路由也是前端路由。

Vue 是单页面应用程序，通过 hash(#)来实现不同页面之间的切换。

什么是单页面应用程序？通俗地讲就是不需要刷新页面，所有组件都在一个页面上的应用程序。

6.1.1 安装路由

路由的安装方式有两种：一种是 cdn 安装，另一种是 npm 安装。本节使用 cdn 形式安装路由，npm 安装形式在第 7 章讲解。

Vue Router 官网的 cdn 地址为 https://router.vuejs.org/zh/installation.html。

6.1.2 使用路由

在页面中使用路由需要以下 5 个步骤。

（1）引入路由。

（2）创建路由实例对象。

（3）为构造函数传递配置对象。

（4）将路由挂载到 Vue 实例对象。

（5）视图层显示组件内容，具体代码如下。

视图层代码如下。

```
<div id="app" v-cloak>
    //5. 视图层显示组件内容
    <router-view></router-view>
</div>
```

vm 实例代码如下。

```
<script src="https://cdn.jsdelivr.net/npm/vue/dist/vue.js"></script>
    //1. 引入路由
    <script
src="https://unpkg.com/vue-router@2.0.0/dist/vue-router.js"></script>
    <script>
    var login = {
        template: '<h1>登录</h1>'
    }
    //2. 创建路由实例对象
    var router = new VueRouter({
        //3. 传递配置对象，创建匹配规则
        //routes 是路由匹配规则，其值是数组，每个匹配规则都是一个对象
        routes: [{
            path: '/login',
            component: login
        }]
    })

    var vm = new Vue({
        el: '#app',
        data: {},
        methods: {},
        components: {},
        //4. 将路由挂载到 Vue 实例对象
        router: router
```

```
    })
</script>
```

代码解析如下。

在路由使用中，重点讲解一下第三个步骤中的创建路由匹配规则，路由匹配规则的属性是 routes，其值是数组，后期每一个匹配规则就是一个对象。

path 是哈希后面的路径，component 是路径对应的组件，这个路由表示的是当访问/login 时显示 login 组件。

视 频 讲 解

6.2　路由控制组件切换

创建登录组件和注册组件，实现两个组件之间的切换，首先需要创建组件和路由匹配规则，代码如下。

```
<div id="app" v-cloak>
    <router-view></router-view>
  </div>
<script>
    //1. 创建登录组件和注册组件
    var login = {
      template: '<h1>登录</h1>'
    }
    var register = {
      template: '<h1>注册</h1>'
    }

    var router = new VueRouter({
      //2. 创建路由匹配规则
      routes: [{
        path: '/login',
        component: login
      },
        {
        path: '/register',
        component: register
      }
      ]
    })

    var vm = new Vue({
      el: '#app',
```

```
      data: {},
      methods: {},
      components: {
        login,
        register
      },
      router: router
    })
</script>
```

　　组件和匹配规则创建好之后，就可以实现两个组件之间的切换了，第一种形式是使用 a 标签进行路由跳转，代码如下。

　　视图层代码如下。

```
<div id="app" v-cloak>
    <a href="#/login">登录</a>
    <a href="#/register">注册</a>
    <router-view></router-view>
</div>
```

注意：

　　a 标签虽然可以实现路由之间的跳转，但不推荐使用，因为 Vue 专门提供了路由跳转的标签，代码如下。

```
<div id="app" v-cloak>
    <router-link to="/login">登录</router-link>
    <router-link to="/register">注册</router-link>
    <router-view></router-view>
</div>
```

　　代码解析如下。

　　使用 router-link 标签代替 a 标签。

　　优点：不需要写#号，to 属性后面直接是路由地址。

　　router-link 标签默认渲染成 a 标签，也可以渲染成其他标签，使用 tag 属性控制，例如可渲染成 span 标签。

```
<router-link to="/login" tag="span">登录</router-link>
<router-link to="/register" tag="span">注册</router-link>
```

　　另外，使用 router-link 标签是可以设置高亮显示的，当单击了某个导航，该导航就会新增 router-link-active 这个类，设置类样式即可。

```
.router-link-active{color: red;}
```

6.3　路由重定向以及动画路由

本节讲解路由重定向以及动画路由。

1．路由重定向

根据路由匹配规则，6.2 节的案例只有当路径是/login 或者/register 时才能显示组件，初次加载页面组件是空白的，可以设置路由重定向，当初次加载页面时，定位到登录组件，代码如下。

```
var router = new VueRouter({
    routes: [{
    path: '/',
    redirect: 'login' //这里的 login 是地址，不是组件名字
  }, {
    path: '/login',
    component: login
  },
  {
    path: '/register',
    component: register
  }
  ]
})
```

当访问根路径时，使用 redirect 属性进行路径跳转，注意 redirect 属性值是路径地址，并不是组件的名字。

2．动画路由

使用路由也是可以添加动画效果的，当单击"登录"和"注册"按钮时，给组件的进入和离开添加动画效果，具体分为两步。

（1）使用 transition 包裹需要添加动画的元素。

（2）添加两组类样式，代码如下。

```
<div id="app" v-cloak>
    <router-link to="/login">登录</router-link>
    <router-link to="/register">注册</router-link>
    //1. 使用 transition 属性包裹元素
    <transition>
      <router-view></router-view>
    </transition>
```

```
</div>
<style>
    //2. 添加动画样式
    .v-enter,
    .v-leave-to {
      opacity: 0;
      transform: translateX(200px);
    }

    .v-enter-active,
    v-leave-active {
      transition: all 1s ease;
    }
</style>
```

运行代码，组件之间的切换就有了动画效果。

6.4　路　由　传　参

视 频 讲 解

组件之间的切换通常都会携带参数，本节讲解路由传参，路由传参分为两种形式。

6.4.1　传参方式一

路由传参的第一种形式是在 router-link 超链接标签中传递参数，代码如下。

```
<div id="app" v-cloak>
    <router-link to="/login?id=1">登录</router-link>
    <router-view></router-view>
</div>
```

这种形式的路径后面使用问号拼接，单击进入登录组件并携带参数，使用这种形式不需要修改路由的匹配规则。

然后介绍在登录组件中如何获取参数，组件代码如下。

```
<script>
    var login = {
      //4. 视图层使用参数
      template: '<div><h1>登录--{{id}}</h1></div>',
      data() {
        return {
          id: null
        }
```

```
      },
      //1. 组件和 Vue 实例一样，都是有生命周期函数的
      created() {
        //2. 路由参数的传递都是在 this.$route 中
        console.log(this.$route)
        console.log(this.$route.query.id)
        //3. 把获取到的参数赋值给组件中的 id 属性
        this.id = this.$route.query.id
      }
    }
</script>
```

代码解析如下。

使用问号传参，最终的参数在 this.$route.query 中。

6.4.2　传参方式二

路由传参的第二种形式是修改匹配规则，代码如下。

```
<div id="app" v-cloak>
    //2. 直接传递参数，不需要问号
    <router-link to="/login/1">登录</router-link>
    <router-view></router-view>
  </div>
<script>
    var login = {
      template: '<div><h1>登录--{{id}}</h1></div>',
      data() {
        return {
          id: null
        }
      },
      created() {
        //3. 使用 this.$route.params.id 获取数据
        console.log(this.$route)
        console.log(this.$route.params.id)
        this.id = this.$route.params.id
      }
    }

    var router = new VueRouter({

      routes: [{
        //1. 修改匹配规则，使用占位置传参
```

```
    path: '/login/:id',
    component: login
  }]
})
</script>
```

代码解析如下。

使用修改路由匹配规则这种传参方式需要注意参数的获取，参数同样是在 this.$route 中，下一层是 this.$route.params，与方式一是有区别的。以上就是对路由传参的两种方式的介绍。

6.5　嵌　套　路　由

视 频 讲 解

这里通过案例的形式演示嵌套路由，首先创建 3 个组件，即 user 组件、login 组件和 register 组件，其中 user 组件下面又包含登录组件和注册组件。

代码流程如下。

（1）创建 3 个组件。

（2）创建用户组件路由匹配规则。

（3）显示用户组件。

（4）把登录和注册组件写入用户组件。

（5）创建登录组件和用户组件的匹配规则，具体代码如下。

视图层代码如下。

```
<div id="app" v-cloak>
   //3. 显示 user 组件
   <router-link to="/user">用户</router-link>
   <router-view></router-view>
 </div>


 <template id="temp">
   <div>
     <h1>用户</h1>
     //4. user 组件中包含登录组件和注册组件
     <router-link to="/user/login">登录</router-link>
     <router-link to="/user/register">注册</router-link>
     <router-view></router-view>
   </div>
 </template>
```

逻辑代码如下。

```
<script>
   //1. 创建组件
```

```
    var user = {
      template: '#temp'
    }
    var login = {
      template: '<div><h1>登录</h1></div>'
    }
    var register = {
      template: '<div><h1>注册</h1></div>'
    }

    var router = new VueRouter({

      routes: [{
        //2. 当地址为/user 时显示 user 组件
        path: '/user',
        component: user,
        //5. 创建登录组件和用户组件的匹配规则
        children: [{
            path: 'login',
            component: login
          },
          {
            path: 'register',
            component: register
          },
        ]
      }]
    })

    var vm = new Vue({
      el: '#app',
      data: {},
      methods: {},
      components: {
      },
      router: router
    })
</script>
```

代码解析如下。

请大家按照注释顺序理解代码，这里重点要强调的是嵌套路由的匹配规则，因为登录组件和注册组件都在 user 用户组件下面，所以在用户组件下面新增 children 属性，表示子组件的路由匹配规则。

　　视图层中，登录组件和注册组件需要在用户组件中显示，想要显示在用户组件中的什么位置，就在相应位置添加 router-view 标签即可。

6.6　路由布局

视频讲解

　　路由布局是本章最后一个知识点，经过第 1～6 章的学习，相信大家已经入门 Vue。简单地说，路由布局就是使用一个路由匹配规则，在页面中同时显示多个组件。

　　代码流程如下。

　　（1）创建 3 个组件。

　　（2）创建路由匹配规则。

　　（3）视图层显示组件，具体代码如下。

　　视图层代码如下。

```
<div id="app" v-cloak>
    //3. 显示组件
    <router-view></router-view>
    <router-view name="main"></router-view>
    <router-view name="footer"></router-view>
</div>
```

　　逻辑代码如下。

```
<script>
    //1. 创建组件
    var header = {
        template: '<div><h1>头部</h1></div>'
    }
    var main = {
        template: '<div><h1>主体</h1></div>'
    }
    var footer = {
        template: '<div><h1>底部</h1></div>'
    }

    var router = new VueRouter({
        //2. 创建路由匹配规则
        routes: [{
            path: '/',
            components: {
                'default': header,
                'main': main,
```

```
      'footer': footer
      }
    }, ]
  })

  var vm = new Vue({
    el: '#app',
    data: {},
    methods: {},
    components: {},
    router: router
  })
</script>
```

代码解析如下。

这里重点讲解路由匹配规则，当访问根路径需要同时显示 3 个组件时，把原先的属性 component 换成了 components。

components 属性的作用是给组件起名字，视图层中要显示几个组件就写几个 router-view 标签，使用 name 属性指定 router-view 具体显示的内容，其值就是 components 中自定义的组件名。

第7章

Vue.js 高级进阶

章节简介

本章讲解 vue-cli 脚手架的使用，在实际项目开发中，大多使用 vue-cli 创建项目，因此在本章将讲解 vue-cli 项目完整的目录结构、运行机制等。

本章还会介绍 Vue 过滤器、计算属性、侦听属性以及 Vue 中一些高级指令的使用方法，如 slot 插槽、路由守卫等。

7.1　安装 vue-cli

视频讲解

vue-cli 的使用是本章的重要知识点，第一步是安装 vue-cli 脚手架，从本章开始，所有的安装包都通过 npm 进行安装。所以，没有 npm 则需要先下载 Node.js，安装好 Node.js 后，npm 会自动安装。

Node.js 官网的下载地址为 https://nodejs.org/en/download/。

打开命令窗口运行：npm –v，可查看 npm 版本，如图 7-1 所示。

当命令窗口出现版本号信息时，说明 npm 可以使用。我们来看第一条安装指令，安装 vue-cli：

```
npm install vue-cli -g
```

上述指令表示全局安装 Vue 脚手架，后期在任意目录都可以使用脚手架，最后在命令窗口中检测脚手架是否安装成功，输入 vue，直接按 Enter 键，如图 7-2 所示。

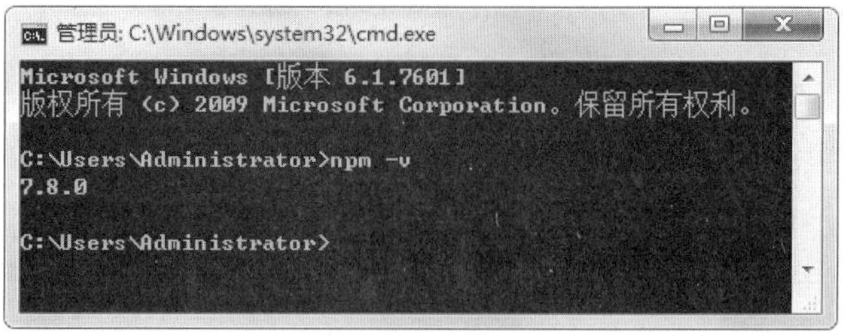

图 7-1　查看 npm 版本

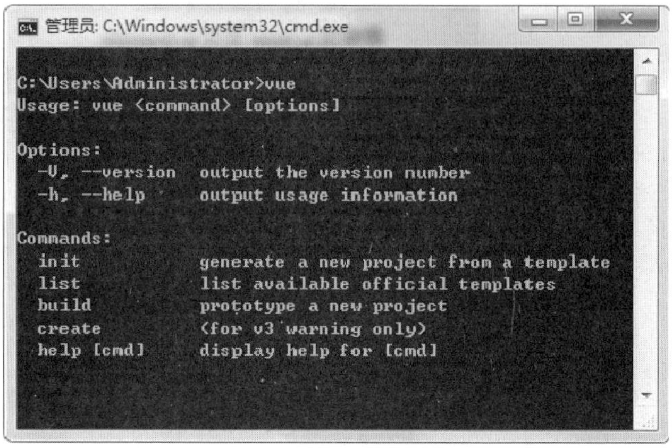

图 7-2　查看 Vue 脚手架

当看到上述代码，说明 vue-cli 已安装成功，然后就可以使用 vue-cli 脚手架创建项目了，接下来创建第一个项目 vuetestdemo。

7.1.1　vue-cli 创建项目

命令窗口运行以下命令。

```
vue init webpack vuetestdemo
```

注意：

运行上述指令之前，要先在命令窗口打开站点。

创建项目的指令有多种写法，可以使用 UI 界面创建，也可以使用官方脚手架指令创建，后期若看到其他初始化项目的指令时，不要觉得奇怪。

init 表示项目初始化，vuetestdemo 是自定义项目名称，当按 Enter 键时需要配置项目，过程分为 9 步，具体如下。

（1）?Project name：设置项目名字，直接按 Enter 键进入下一步。

（2）?Project description：设置项目描述，可以不写按 Enter 键进入下一步。

（3）?Author：设置作者，可以不写按 Enter 键进入下一步。

（4）?Vue build：项目构建方式，选择默认，按 Enter 键进入下一步。

（5）?Install vue-router：是否需要安装路由，输入 Y 表示安装路由，按 Enter 键确定，项目是需要路由的。

（6）?Use ESLint：是否需要安装 ESLint，输入 N 表示不需要安装。ESLint 是一种代码检验方式，规定特别多，初学时不建议安装。

（7）?Setup unit tests：是否安装测试项目，输入 N 表示不安装。

（8）Setup e2e tests：是否安装 e2e 测试项目，输入 N 表示不安装。

（9）?Should we run 'npm install'...：选择模块安装方式，选择 npm 代表安装，默认是 npm 安装，按 Enter 键确定。

经过上述 9 个步骤，Vue 项目就创建完成了，可以在 vs code 中打开站点，如图 7-3 所示是 vue-cli 自动生成的目录结构。

图 7-3　vue-cli 项目目录

7.1.2　运行脚手架项目

选中项目名称，右击，选择在终端中打开，输入 "npm run dev" 运行项目，如图 7-4 所示。

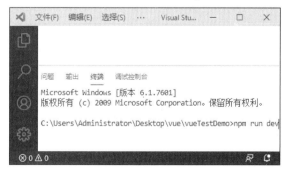

图 7-4　运行 vue-cli 项目

在浏览器的地址栏中输入运行网址，当看到如图 7-5 所示的界面，表示 Vue 项目正常运行。

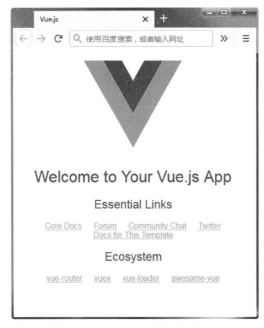

图 7-5　vue-cli 创建的项目首页

视频讲解

7.2　vue-cli 目录结构

在开发项目之前，需要先弄明白 vue-cli 的目录结构和运行机制，要知道 7.1 节看到的页面是怎么展现出来的。

项目下的文件介绍如下。

（1）build 和 config 文件夹分别是 Webpack 配置目录和 Vue 配置目录，做项目时一般不会修改它们，在项目做好之后打包的时候，有可能操作这两个目录，所以开发时不需要注意这两个文件夹。

（2）node_modules 文件夹：相当于第三方库，通过 npm 安装的依赖包都会在 node_modules 文件夹中，因此比较重要。

（3）src 文件夹：重要，基本上所有代码都要在 src 下面操作。

展开 src 文件夹。

- 显示用户名
- assets 文件夹：存放静态资源（JS、CSS、images）。
- components 文件夹：存放公共组件。
- router 文件夹：存放路由匹配规则。
- App.vue：入口组件。
- main.js：入口 JS 文件。

- static 文件夹：存放静态文件。
- babelrc：用于解析 es6 代码。
- editorconfig：定义代码格式（编辑器用的）。
- postcssrc：CSS 转换工具，类似 less，sass 的预处理器。
- package.json：记录 npm install 安装模块的版本号、项目名称等（重要）。
- package-lock.json：记录安装模块的版本号和来源（下载地址）。

assets 和 static 的区别如下。

assets 目录会被 Webpack 处理，图片变成 base64 格式。

static 不会被 Webpack 处理，直接复制到最终打包的目录。

建议把 JS、CSS 放到 assets 目录下面，因为被 Webpack 压缩处理之后，它们的体积就变小了，有利于提升页面的加载速度。

要把第三方静态文件放到 static 目录下面，如一些字体文件。第三方的静态文件一般都是被处理过的，无须再让 Webpack 进行压缩处理。

图片：大图片建议放到 static 目录下，小图片建议放到 assets 目录下。

7.3　vue-cli 运行机制

视 频 讲 解

理解 vue-cli 目录结构之后，我们看一下浏览器中的页面是如何显示出来的。打开 index.html 会发现首页代码干净整洁，没有任何页面上显示的数据，这可能会让一部分读者难以理解。下面开始讲解首页数据是如何渲染出来的。

1. 在终端中输入 "npm run dev"

最终执行的文件是 index.html，所以首先打开 index.html，代码如下。

```html
<!DOCTYPE html>
<html>
  <head>
    <meta charset="utf-8">
    <meta name="viewport" content="width=device-width,initial-scale=1.0">
    <title>vuetestdemo</title>
  </head>
  <body>
    <div id="app"></div>
    <!--built files will be auto injected-->
  </body>
</html>
```

index.html 文件中只有一个 div 元素，没有其他内容，理论上运行 index.html 只会展示空白页面。实际上，还有其他内容，因为 Webpack 在 index.html 中自动引入了 main.js。

当运行"npm run dev"时，会自动在 index.html 中引入 main.js。

2. 打开 main.js

代码如下。

```
import Vue from 'vue'
import App from './App'
import router from './router'

Vue.config.productionTip = false

new Vue({
  el: '#app',
  router,
  components: { App },
  template: '<App/>'
})
```

代码解析如下。

在 main.js 中，首先使用 es6 模块化方式引入了 Vue.js、App.vue、router.js。

"Vue.config.productionTip = false"这行代码无须理会，它是控制台中提示环境的代码。

从 new Vue()开始的代码就是我们所熟悉的，el 属性表示要控制 index.html 文件中 id 为 app 的元素。

router 表示在 Vue 实例中使用路由。

components 表示 Vue 实例中有一个 App 的组件。

template 则表示要渲染的内容。

重点：

在讲 Vue 生命周期时，当 Vue 同时出现 el 属性和 template 属性，template 中的内容会覆盖掉 el 属性中的内容，所以最终页面上渲染的内容是 template 中的内容，也即是 App 组件。

3. 打开 App.vue 组件

App.vue 文件就是一个完整的组件，它是由三部分组成的，即 template、script、style。

template 是要渲染的 HTML 视图，在 script 中写逻辑代码，style 则为样式。

注意：

template 中只能有一个根节点。

页面中，最终渲染的数据代码如下。

```
<template>
  <div id="app">
    <img src="./assets/logo.png">
```

```
    <router-view/>
  </div>
</template>
```

中显示的内容是由路由匹配规则规定的。

4．打开 router 文件夹下的 index.js

代码如下。

```
import Vue from 'vue'
import Router from 'vue-router'
import HelloWorld from '@/components/HelloWorld'

Vue.use(Router)

export default new Router({
  routes: [
    {
      path: '/',
      name: 'HelloWorld',
      component: HelloWorld
    }
  ]
})
```

代码解析如下。

（1）引入 HelloWorld 组件。

（2）创建路由匹配规则，当路径为/时，显示 HelloWorld 组件。显示的位置就是 App 组件中的<router-view/>。

以上就是 vue-cli 的运行机制，建议观看视频，更有助于理解这一知识点。

7.4　vue-cli 选项卡案例

视 频 讲 解

本节通过选项卡案例，巩固.vue 文件的创建、路由匹配规则创建的相关知识。

在 components 文件夹下新建 tab.vue，代码如下。

```
<template>
  <div>
    <div class="menu">
      //1. 标题排他（单击的菜单高亮显示）
          //2. 绑定菜单单击事件，传递参数
      <ul>
```

```
        <li :class="{active:isactive==0}" @click="mytab(0)">娱乐新闻</li>
        <li :class="{active:isactive==1}" @click="mytab(1)">体育新闻</li>
        <li :class="{active:isactive==2}" @click="mytab(2)">热搜</li>
      </ul>
    </div>

    <div class="main">
      <ul>
        //4. 使用 v-for 遍历数组，数组下标就是用户传递的 isactive 的值
        <li v-for="(item,i) in newlist[isactive]" :key="i">{{item}}</li>
      </ul>
    </div>
  </div>
</template>
<script>
export default {
  data() {
    return {
      isactive: 0,
      newlist: [
        ["娱乐新闻 1", "娱乐新闻 2", "娱乐新闻 3"],
        ["体育新闻 1", "体育新闻 2", "体育新闻 3"],
        ["热搜新闻 1", "热搜新闻 2", "热搜新闻 3"]
      ]
    };
  },
  methods: {
    //3. 接收参数，重新赋值给 isactive
    mytab(i) {
      this.isactive = i;
    }
  }
};
</script>

<style scoped>
.active{color: red;}
</style>
```

代码解析如下。

选项卡案例分为 4 个步骤。

（1）标题排他功能，单击的菜单需要高亮显示，使用样式绑定实现。

（2）绑定菜单单击事件，进行参数传递。

（3）在方法中根据接收的参数，给 isactive 重新赋值。

（4）使用 v-for 遍历数据，最终实现选项卡功能。

最后，需要创建匹配规则，把 tab.vue 在浏览器中显示出来，进入 router 下的 index.js 文件，代码如下。

```
import Vue from 'vue'
import Router from 'vue-router'
import HelloWorld from '@/components/HelloWorld'
//1. 引入 tab 组件
import tab from '@/components/tab'

Vue.use(Router)

export default new Router({
  routes: [
    {
      path: '/',
      name: 'HelloWorld',
      component: HelloWorld
    },
    //2. 创建路由匹配规则
    {
      path: '/tab',
      name: 'tab',
      component: tab
    }
  ]
})
```

代码解析如下。

（1）引入 tab 组件。

（2）创建匹配规则，当路径为/tab 时，页面显示 tab.vue 文件。

7.5　过　滤　器

过滤器：用于数据输出之前的处理，例如给数字添加小数点等。

过滤器分为全局过滤器和私有过滤器，下面先看私有过滤器的使用方法。

7.5.1　私有过滤器

打开 HelloWorld 组件，把默认代码删除，实现这样一个案例：data 中声明 num 变量存入数字 10，在输出 num 时给数字 10 添加 3 位小数，代码如下。

视 频 讲 解

```
<template>
  <div class="hello">
    //3. 竖线又称作管道符，toFixed 是过滤器的名字
    <h1>{{num|toFixed}}</h1>
  </div>
</template>

<script>
export default {
  name: 'HelloWorld',
  data () {
    return {
      msg: 'Welcome to Your Vue.js App',
      //1. 声明变量 num
      num:10
    }
  },
  //2. 过滤器和 data 属性、methods 属性平级，过滤器属性为 filters
  filters:{
    //第一个参数是固定的 val
    //表示管道符前面的变量，表示此过滤器要处理哪个数据
    //过滤器必须有 return 返回值
    toFixed(val){
      return val.toFixed(3)
    }
  }
}
</script>
```

代码解析如下。

（1）filters 属性用于存放过滤器，和 data 属性、methods 属性平级。

（2）过滤器是一个方法，其第一个参数是固定的，表示要处理的变量，且必须有 return 属性。

（3）过滤器使用的竖线又称作管道符，竖线后面就是过滤器的名字。

上述代码的运行结果如图 7-6 所示，给数字 10 添加 3 位小数。

图 7-6　使用过滤器添加 3 位小数

　　过滤器就是一个方法，方法是可以传递参数的，下面讲解使用过滤器传递参数，代码如下。

　　视图层代码如下。

```
<template>
  <div class="hello">
    //3. 竖线又称作管道符，toFixed 是过滤器名字
    <h1>{{num|toFixed(3,'$')}}</h1>
  </div>
</template>
```

　　过滤器代码如下。

```
filters: {
    toFixed(val, data1, data2) {
      return data2 + val.toFixed(data1);
    }
}
```

　　运行结果如图 7-7 所示。

图 7-7　过滤器传递$参数

　　代码解析如下。

　　过滤器调用时传入两个实参，即 3 和$，因此过滤器定义需要有两个形参接收。

　　toFixed(val, data1, data2)过滤器的第一个参数是不变的，所以两个形参是从第二个参数开始的。

7.5.2　全局过滤器

　　全局过滤器是在 main.js 中定义的，代码如下。

```
import Vue from 'vue'
import App from './App'
import router from './router'

Vue.config.productionTip = false
```

视 频 讲 解

```
//全局过滤器
//toFixed1 过滤器名字
//val 过滤器控制的元素
//data 调用过滤器时传递的参数
Vue.filter('toFixed1',function(val,data){
  return val.toFixed(data)
})

new Vue({
  el: '#app',
  router,
  components: { App },
  template: '<App/>'
})
```

在 HelloWorld 组件调用全局过滤器，代码如下。

```
<template>
  <div class="hello">
    //2. 为 num1 使用全局过滤器并传递参数
   <h1>{{num1|toFixed1(2)}}</h1>
  </div>
</template>

<script>
export default {
  name: "HelloWorld",
  data() {
    return {
      msg: "Welcome to Your Vue.js App",
      num: 10,
      //1. 声明 num1
      num1:20
    };
  },
};
</script>
```

代码解析如下。

全局过滤器使用 Vue.filter 方法创建，第一个参数是过滤器名字，其调用方法和私有过滤器的调用方法相同。

7.6　Vue 计算属性

本节讲解 Vue 计算属性，计算属性就是通过其他数据算出一个新的数据，例如求一组数字的和、求平均数等都可以使用计算属性。

计算属性是 computed，它和 data、methods 平级，下面使用计算属性求一组数字的和，首先需要在 data 中声明数据，代码如下。

```
<template>
  <div class="hello">
    //3. 调用计算属性
    <h1>{{getSum}}</h1>
  </div>
</template>

<script>
export default {
  name: "HelloWorld",
  data() {
    return {
      //1. 声明 num1、num2、num3
      num1: 10,
      num2: 20,
      num3: 30
    };
  },
  //2. 在 computed 属性中创建计算属性
  computed: {
    getSum() {
      return this.num1 + this.num2 + this.num3;
    }
  }
};
</script>
```

代码解析如下。

（1）计算属性声明时是一个方法，并且必须有 return 返回值。

（2）计算属性调用时不能是方法调用，而是普通的变量调用，所以直接使用{{getSum}}即可。

求平均数，代码如下。

```
computed: {
    getSum() {
        return this.num1 + this.num2 + this.num3;
    },
    getAvg() {
        return this.getSum / 3;
    }
}
```

视图层调用代码如下。

```
<h1>{{getAvg}}</h1>
```

代码解析如下。

可以直接调用其他计算属性，作为值使用。

案例：输入用户名和密码，改变按钮样式。

可以通过计算属性模拟用户登录，当用户输入用户名和密码时，登录按钮变色，代码如下。

```
<template>
  <div class="hello">
    <input type="text" v-model="user" />
    <input type="text" v-model="password" />
    //1. 给登录按钮绑定样式
    <input type="button" value="登录" :class="{bg:getActive}" />
  </div>
</template>

<script>
export default {
  name: "HelloWorld",
  data() {
    return {
      user: "",
      password: ""
    };
  },

  computed: {
    //2. 声明计算属性，返回值为 true 或 false
    getActive() {
      if (this.user == "" || this.password == "") {
        return false;
      }
      return true;
```

```
    }
  }
};
</script>
<style scoped>
.bg{background: red;}
</style>
```

代码解析如下。

上述案例中，getActive 计算属性的返回值为 true 或 false，当为 true 时按钮的 bg 样式生效，当为 false 时按钮的 bg 样式隐藏。

7.7　watch 侦听属性

视 频 讲 解

侦听属性：用于侦听 data 中数据的变化，只要 data 中数据发生改变，就会触发 watch 侦听属性，代码如下。

```
<template>
  <div class="hello">
    <h1>侦听属性</h1>
    //3. 使用双向数据绑定修改 num 变量
    <input type="text" v-model="num" />
  </div>
</template>

<script>
export default {
  name: "HelloWorld",
  data() {
    return {
      //1. 声明 num 变量
      num: 10
    };
  },
  watch: {
    //2. 要侦听 num 数据，侦听属性的方法名就是 num()
    //侦听属性的方法不能随意命名
    num() {
      console.log("num 数值发生改变");
    }
  }
```

```
};
</script>
```

代码解析如下。

（1）watch 属性和 data 属性、methods 属性平级。

（2）侦听属性的方法不能随意命名，方法名就是侦听的变量名。

（3）当数据发生改变时，触发侦听方法。

输入用户名和密码后即可改变按钮样式。

下面使用侦听属性实现 7.6 节中案例的效果，因为侦听属性没有返回值，所以其实现方法与计算属性相比有所不用，具体代码如下。

```
<template>
  <div class="hello">
    <input type="text" v-model="user" />
    <input type="text" v-model="password" />
    //2. 给按钮绑定样式
    <input type="button" value="单击" :class="{active:isactive}" />
  </div>
</template>

<script>
export default {
  name: "HelloWorld",
  data() {
    return {
      user: "",
      password: "",
      //1. 定义 isactive 变量，控制按钮样式的显示和隐藏
      isactive: false
    };
  },
  watch: {
    //3. 监听 user 的改变
    user() {
      if (this.user == "" || this.password == "") {
        this.isactive = false;
      } else {
        this.isactive = true;
      }
    },
    //4. 监听 password 的改变
    password() {
      if (this.user == "" || this.password == "") {
```

```
      this.isactive = false;
    } else {
      this.isactive = true;
    }
  }
 }
};
</script>
<style scoped>
.active {
  background: red;
}
</style>
```

代码解析如下。

（1）因为侦听属性没有返回值，所以在 data 中定义 isactive 控制样式的显示和隐藏。

（2）一个侦听属性只能侦听一个变量，上述案例需要侦听用户名和密码，所以要写两个侦听属性，这两个侦听属性的逻辑代码是一样的。

7.8　slot 插槽

视 频 讲 解

slot 插槽：用于组件之间传值。

需求：在 components 文件夹下创建 myslot 组件，然后在 HelloWorld 组件中引用 myslot 组件，把 HelloWorld 组件中的数据传递给 myslot 组件。

先使用传统的方式，即父组件向子组件传值，代码如下。

（1）HelloWorld 组件代码如下。

```
<template>
  <div class="hello">
    //3. 引用组件并使用属性绑定的形式，把父组件数据传递给子组件
    <myslot :sendMsg="msg"></myslot>
  </div>
</template>

<script>
//1. 在 HelloWorld 组件中引入 myslot 组件
import myslot from './myslot'
export default {
  name: "HelloWorld",
  data() {
    return {
      msg:'Welcome to Your Vue.js App'
```

```
    };
  },
  components:{
    //2. 在 components 属性注册 myslot 组件
    myslot
  }
};
</script>
<style scoped>
.active {
  background: red;
}
</style>
```

（2）myslot 组件代码如下。

```
<template>
    <div>
        <h1>slot 的使用</h1>
        <h1>传统方式：{{sendMsg}}</h1>
    </div>
</template>
<script>
export default {
    props:['sendMsg']
}
</script>
<style scoped>
</style>
```

上述代码为使用传统方式传值，下面使用 slot 插槽形式进行父子组件传值，代码如下。
（1）HelloWorld 组件代码如下。

```
<template>
  <div class="hello">
    <myslot>
      //1. 把 msg 数据使用插值表达式形式，放到 myslot 标签中
      {{msg}}
    </myslot>
  </div>
</template>
```

（2）myslot 组件代码如下。

```
<template>
    <div>
```

```
    <h1>slot 插槽方式</h1>
    <h1><slot></slot></h1>
  </div>
</template>
```

代码解析如下。

① 使用 slot 插槽，只需要在引用组件时，把要传递的数据使用插值表达式的形式，放到组件标签中。

② 在子组件中使用<slot></slot>标签接收数据。

具名插槽（多数据传递）：使用上述方法，不管传递了多少数据，都会在 h1 标签中显示，下面的方法可以让传递的数据在不用标签的情况下显示，代码如下。

1. HelloWorld 组件视图层

```
<template>
  <div class="hello">
    <myslot>
      //1. 给元素添加 slot 属性
      <div slot="msg1">{{msg}}</div>
      <div slot="msg2">{{num}}</div>
    </myslot>
  </div>
</template>
```

2. myslot 组件视图层

```
<template>
    <div>
        <h1>slot 插槽方式</h1>
        <h1><slot name="msg1"></slot></h1>
        <h2><slot name="msg2"></slot></h2>
    </div>
</template>
```

代码解析如下。

在子组件接收时给 slot 添加 name 属性，name 的属性值就是父组件中元素的 slot 属性值。

7.9　链式路由跳转

视频讲解

本节讲解链式路由跳转，链式路由跳转其实就是在方法中进行跳转，我们先看普通路由跳转，代码如下。

```
<router-link to="/mytab">选项卡</router-link>
```

再看链式路由跳转的形式，代码如下。

```
<template>
  <div class="hello">
    //1. 单击按钮，绑定单击事件
    <mt-button type="primary" @click="mybtn">路由跳转</mt-button>
  </div>
</template>

<script>
import { Toast } from "mint-ui";
export default {
  name: "HelloWorld",
  data() {
    return {
    };
  },
  methods: {
    mybtn() {
      //2. 链式路由跳转，name 就是路由匹配规则中的 name
        this.$router.push({name:'myTab'})
    }
  }
};
</script>
```

代码解析如下。

使用 this.$router.push 进行页面跳转，name 为路由匹配规则中的 name。

上述代码中的路由跳转还可以用以下方式跳转，代码如下。

```
methods: {
    mybtn() {
      //链式路由跳转，path 为路由匹配规则中的 path
        this.$router.push({path:'/mytab'})
    }
  }
```

代码解析如下。

使用匹配规则中的 path 进行页面跳转。

传递参数：大多数页面跳转需要进行参数传递，以下代码为参数传递方式。

```
methods: {
    mybtn() {
      //传递参数
```

```
    this.$router.push({path:'/mytab',query:{id:1}})
  }
}
```

在 mytab 组件中取值，代码如下。

```
<h1>选项卡案例--{{$route.query.id}}</h1>
```

7.10　路　由　守　卫

路由守卫就是在进入页面之前做一层判断，如果没有守卫，可以直接进入页面，如果添加了守卫，则需要做页面跳转。

例如有 3 个组件，分别是登录组件、商品详情组件、购物车组件。当用户单击商品详情时，可以直接进入页面，当单击购物车组件时，需要判断是否登录，如果登录即可进入购物车组件，如果没有登录则需要先跳转到登录页面。

路由守卫分为全局路由守卫、组件内路由守卫和离开组件时守卫。

7.10.1　全局路由守卫

视 频 讲 解

打开 main.js，在 main.js 中添加下述代码。

```
router.beforeEach((to,from,next)=>{
  //to 表示要去的新页面
  //from 表示旧页面
  //next 表示是否放行
  next()
})
```

代码解析如下。

router.beforeEach 表示开启路由守卫。

注意：

next 参数表示是否放行，不管有没有进行守卫判断都需要放行，否则会整体拦截页面。

创建 mylogin、mydetail、mycart 组件，实现上述案例，代码如下。

HelloWorld 组件中的视图层代码如下。

```
<div class="hello">
    <router-link to="/mydetail">商品详情</router-link>
    <router-link to="/mycart">购物车</router-link>
 </div>
```

路由匹配规则代码如下。

```
export default new Router({
  routes: [
    {
      path: '/',
      name: 'HelloWorld',
      component: HelloWorld
    },
    //登录组件
    {
      path: '/mylogin',
      name: 'mylogin',
      component: mylogin
    },
    //商品详情
    {
      path: '/mydetail',
      name: 'mydetail',
      component: mydetail
    },
    //购物车
    {
      path: '/mycart',
      name: 'mycart',
      component: mycart,
      meta:{
        needAuth:true
      }
    },
  ]
})
```

代码解析如下。

注意，进入购物车组件是需要进行路由判断的，所以购物车组件的匹配规则多了一个 meta 属性，meta 属性就是判断组件是否需要守卫的。

main.js 代码如下。

```
router.beforeEach((to, from, next) => {
  //to 表示要去的新页面
  //from 表示旧页面
  //next 表示是否放行
  var islogin = 0  //0 表示未登录，1 表示已登录
  if (to.meta.needAuth) {
```

```
  if (islogin == 0) {
    router.push({ name: 'mylogin' })
  }
  if (islogin == 1) {
    next()
  }
}
else {
  //如果没有 meta.needAuth 则直接放行
  next()
}
})
```

代码解析如下。

声明 islogin 变量，0 表示未登录，1 表示已登录。运行程序，当单击购物车组件时会直接跳转到登录组件，实现守卫效果。

7.10.2　组件内路由守卫

视频讲解

7.10.1 节演示的是全局路由守卫，接下来介绍组件内路由守卫，新建订单组件 order.vue，进入订单组件时守卫，代码如下。

HelloWorld 视图层代码如下。

```
<router-link to="/order">订单</router-link>
```

路由匹配规则如下。

```
{
    path: '/order',
    name: 'order',
    component: order
}
```

注意：

组件内守卫不需要 meta 属性。

order.vue 代码如下。

```
<template>
  <h1>订单组件</h1>
</template>
<script>
export default {
  //进入时守卫
  beforeRouteEnter: (to, from, next) => {
```

```
    var islogin = 0; //0 表示未登录，1 表示已登录
    if (islogin == 0) {
      //跳转到登录页面
      //不能使用 router 跳转，应该使用 next 跳转
      next({ name: "mycart" });
    } else {
      next();
    }
  }
};
</script>
```

代码解析如下。

同样声明 islogin 变量，判断是否登录。注意，路由跳转需要用到 next()方法跳转，不能使用 router.push()方法进行跳转。

运行程序，单击订单组件，由于 islogin 的值是 0，表示没有登录，因此会直接跳转到登录组件。

7.10.3　离开组件时守卫

7.10.2 节演示的是进入组件时守卫，Vue 还提供了离开组件时守卫，例如从订单组件返回到 HelloWorld 组件，代码如下。

```
<template>
  <h1>订单组件</h1>
</template>
<script>
export default {
  //进入组件时守卫
  //1. islogin 设置为 1，表示已登录，先进入组件
  beforeRouteEnter: (to, from, next) => {
    var islogin = 1;
    if (islogin == 0) {
      next({ name: "mycart" });
    } else {
      next();
    }
  },
  //离开组件时守卫
  beforeRouteLeave:(to,from,next)=>{
    //2. 离开组件时弹出对话框
    if(confirm('是否离开页面？')){
      next()
```

```
        }
    }
};
</script>
```

代码解析如下。

（1）首先进入订单组件，要把 islogin 的值修改为 1。

（2）离开组件时，设置对话框提醒，运行结果如图 7-8 所示。

图 7-8　离开组件触发守卫

第**8**章

element-ui/mint-ui 组件库

章节简介

element-ui 是由某开发团队开发的一套前端组件库，可以帮助我们速成网站，提高开发效率。element-ui 提供了大量的组件，如布局组件、表单组件，JS 组件等，同时 element-ui 的使用方法也比较简单。本章讲解如何在 Vue 项目中使用 element-ui。

8.1　element-ui 使用步骤

视频讲解

element-ui 的使用步骤如下。

1. 安装 element-ui

在终端中执行以下命令。

```
npm i element-ui -S
```

2. element-ui 使用方式

element-ui 有两种使用方式。

1）完整引入

完整引入是指把所有 element-ui 组件都导入，这样操作简单，但是也有缺点，即文件体积过大，会导致网页加载速度慢，所以不建议使用完整引入。

2）按需引入

按需引入是指需要使用哪个组件就引入哪个组件，没有多余的组件，这样会提高页面的加载速度。

按需引入的使用方式是在终端中执行以下命令。

```
npm install babel-plugin-component -D
```

3．配置.babelrc

代码如下。

```
"plugins": ["transform-vue-jsx", "transform-runtime",
  [
    "component",
    {
      "libraryName": "element-ui",
      "styleLibraryName": "theme-chalk"
    }
  ]
]
```

4．全局使用 element-ui

打开 main.js，需要使用哪个组件就在 main.js 中引用哪个组件，例如要全局使用 Button 按钮，可以这样操作，代码如下。

```
//1. 按需引入组件
import { Button } from 'element-ui';
//2. 注册组件
Vue.use(Button)
```

此时 Button 按钮就可以全局使用，如图 8-1 所示是 element-ui 提供的按钮样式。

图 8-1　element-ui 官方效果图

单击显示代码，就可以看到相应的引用代码，例如在 HelloWorld 组件中使用蓝色按钮，代码是 "<el-button type="primary">主要按钮</el-button>"。

运行结果如图 8-2 所示。

图 8-2　使用 element-ui 按钮

视频讲解

8.2　mint-ui 的使用

mint-ui 也是由某团队开发的，与 element-ui 相比，mint-ui 主要用于移动端开发，mint-ui 同样提供了样式组件、表单组件以及 JS 组件，其很大程度提高了项目开发效率，下面讲解在 Vue 项目中如何使用 mint-ui。

1．安装 mint-ui

在终端中执行以下命令。

```
npm install mint-ui -S
```

2．mint-ui 使用方式

mint-ui 同样分为完整引入和按需引入，为了提高页面加载速度，这里讲解按需引入的方式。

3．全局使用 mint-ui

打开 main.js，以 button 组件为例，代码如下。

```
//1. 按需引入 button 组件
import { Button } from 'mint-ui';
//2. 注册组件
Vue.component(Button.name, Button);
//3. 引入样式
import 'mint-ui/lib/style.css'
```

 注意：

mint-ui 需要手动引入 CSS 样式。如果使用了 element-ui 的 button 样式，mint-ui 的 button 样式就不要再使用了，因为两者同时使用会起冲突。

4．在 HelloWorld 组件中使用 mint-ui 按钮

代码如下。

```
<mt-button type="primary">primary</mt-button>
```

运行结果如图 8-3 所示。

图 8-3　使用 mint-ui 按钮

组件内使用 mint-ui JS 组件：上述演示的内容为 CSS 样式组件，下面讲解 JS 功能组件，例如单击按钮弹出对话框。

打开 HelloWorld 组件，弹框组件名字为 Toast（组件名字在官网可查），首先引入组件，具体代码如下。

```
<template>
  <div class="hello">
    //2. 单击按钮绑定单击事件
    <mt-button type="primary" @click="btn">primary</mt-button>
  </div>
</template>

<script>
//1. 按需引入组件
import { Toast } from "mint-ui";

export default {
  name: "HelloWorld",
  data() {
    return {
    };
  },
```

```
methods: {
  btn() {
    //3. 使用 mint-ui 提供的弹框方法 Toast
    Toast("Upload Complete");
  }
}
}
```

代码解析如下。

（1）在 HelloWorld 中引入组件。

（2）单击按钮触发绑定事件。

（3）在事件方法中调用 mint-ui 组件方法，运行程序，单击按钮可弹出对话框。

第9章

axios 发送 HTTP 请求

 **章节简介**

本章主要讲解在 Vue 中使用 axios 发送 HTTP 请求。掌握 axios 后才能系统地开发 Vue 项目，因为在日常工作中开发项目都是前后端分离的，接口写好之后后端人员会给我们一份接口文档，前端人员通过接口文档获取相应的数据，渲染到前端页面，获取数据的方法就是本章要讲的 axios。

9.1　安装 axios

视 频 讲 解

axios 的安装步骤如下。

（1）在终端中执行 axios 安装指令。

```
npm install axios -S
```

（2）在项目中全局使用 axios，打开 main.js，引入 axios。

```
import axios from 'axios'
```

将 axios 挂载到 Vue 原型对象中，实现数据共享，节约内存空间。

```
Vue.prototype.$axios=axios
```

此时在任何页面都可以使用 axios 获取数据了。

9.1.1　组件中使用 axios

接口地址为 http://api.mm2018.com:8090/api/goods/home。

请求方式为 get。

我们首先需要考虑在什么时间调用接口。应在当页面初始化且能操作数据时调用接口，根据 Vue 的生命周期函数，最早可以操作 data 中数据和 methods 中方法的生命周期函数是 created 函数，代码如下。

```
<script>
export default {
  name: "HelloWorld",
  data() {
    return {};
  },
  methods: {},
  //在created生命周期函数中使用axios获取数据
  created() {
    this.$axios.get("http://api.mm2018.com:8090/api/goods/home")
    .then(res => {
      console.log(res);
    });
  }
};
</script>
```

代码解析如下。

后端人员会把接口的请求方式告诉我们，常见的请求方式有 get、post、add、delete 等。

axios 用的是 promise 语法，所以使用.then 获取成功的数据，res 就是最终需要的数据，打开控制台，运行结果如图 9-1 所示。

图 9-1　打印获取服务器的数据

视 频 讲 解

9.1.2　配置全局域名

在 this.$axios.get 方法中，第一个参数是接口地址，这个地址包含根域名，在一个项目中调用数十次接口是很常见的，后期一旦根域名发生改变，所有接口都需要修改，非常烦琐且容易出错。axios 提供了设置根域名的方法。

打开 main.js，加入下述代码。

```
axios.defaults.baseURL="http://api.mm2018.com:8090"
```

通过 axios.defaults.baseURL 设置根域名，上述案例中的代码就可以简写成如下所示的形式了。

```
created() {
    this.$axios.get("api/goods/home")
    .then(res => {
     console.log(res);
    });
  }
```

9.1.3　代码分离

随着接口的增加，created 生命周期中的代码会越来越多，不利于后期维护，不过可以做代码分离，把逻辑代码在 methods 中封装成一个方法，created 只负责调用方法，代码如下。

```
<script>
export default {
  name: "HelloWorld",
  data() {
    return {};
  },
  methods: {
    //1. 在 methods 中声明方法
    getData() {
      this.$axios.get("api/goods/home")
      .then(res => {
       console.log(res);
      });
    }
  },
  created() {
    //2. 在 created 中调用方法
    this.getData()
  }
```

```
};
</script>
```

9.2　axios 传递参数

在请求接口的过程中，传递参数是必不可少的，本节讲解 axios 传递参数。

请求接口为 http://longlink.mm2018.com:8086/selectDemo。

参数为 id:100。

请求方式为 get。

代码如下。

```
<script>
export default {
  name: "HelloWorld",
  data() {
    return {};
  },
  methods: {
    //1. 调用 axios 并传入参数
    getParams() {
      this.$axios
        .get("http://longlink.mm2018.com:8086/selectDemo", {
          params: {
            id: 100
          }
        })
        .then(res => {
          console.log(res);
        });
    }
  },
  created() {
    //2. 在 created 中调用方法
    this.getParams();
  }
};
</script>
```

代码解析如下。

this.$axios.get 方法中的第一个参数是请求地址，第二个参数是用户要传递的参数。

　　axios 通用形式：axios 提供了一种通用形式，无论是 get 请求、post 请求还是其他请求都可以使用，这种通用形式也是在后期项目开发中首选的，代码如下。

```
<script>
export default {
  name: "HelloWorld",
  data() {
    return {};
  },
  methods: {

    getAll() {
      this.$axios({
        //1. 设置请求方式
        methods: "get",
        //2. 设置接口地址
        url: "http://longlink.mm2018.com:8086/selectDemo?id=100",
        //如果是 post 请求，参数在 data 中
        data: {}
      }).then(res => {
        console.log(res);
      });
    }
  },
  created() {
    //3. 在 created 中调用方法
    this.getAll();
  }
};
</script>
```

　　代码解析如下。

　　使用通用形式，就是在 this.$axios 方法中传入配置对象，在对象中设置请求方式、接口地址、请求参数等。

　　axios 的使用方法相对简单，但却是项目中必不可少的，后面会通过项目实战巩固 axios 的各种使用方法。

9.3　axios 原理之 promise

　　axios 是基于 promise 的 HTTP 库，支持 promise 的所有 API，9.1 节和 9.2 节只讲解了怎样使用 axios，本节讲解 promise，掌握 promise 更有利于我们理解 axios。

9.3.1　什么是 promise

通俗地讲，promise 是 JS 中解决异步编程的语法，从语法上讲，promise 是一个构造函数。从功能上讲，用 promise 对象来封装异步操作并获取结果。

9.3.2　为什么要用 promise

promise 支持链式调用，可以解决回调地狱。

什么是回调地狱？

回调地狱涉及多个异步操作，多个回调函数嵌套使用。例如有 3 个异步操作，第 2 个异步操作是以第 1 个异步操作的结果为条件的，同理第 3 个异步操作是以第 2 个异步操作的结果为条件的。

此时出现了回调函数嵌套，代码将向右侧延伸，不便于阅读，也不便于异常处理，使用 promise 首先能解决回调函数嵌套问题，代码从上往下执行，更有利于代码阅读及代码异常处理。

9.3.3　promise 基本使用

首先需要创建 promise 对象并传入回调函数，promise 的基本使用代码如下。

```
<script>
    const p = new Promise((resolve,reject) => {
        //执行异步操作
        setTimeout(() => {
            const time = Date.now()
            //当前时间为偶数代表成功，当前时间为奇数代表失败
            if (time % 2 == 0) {
                //执行成功调用 resolve(value)
                resolve('成功的数据:' + time)
            } else {
                //执行失败调用 reject(reason)
                reject('失败的数据:' + time)
            }
        },1000)
    })
    p.then(
        value => {
            //接收成功的 value 数据
            console.log('接收成功的数据---' + value)
        },
        reason => {
            //接收失败的 reason 数据
```

```
              console.log('接收失败的数据---' + reason)
          }
      )
</script>
```

代码解析如下。

（1）new Promise()实例对象要传入回调函数，回调函数有两个形参，分别是 resolve 和 reject。

（2）在回调函数中执行异步操作，在此案例中是获取当前时间，如果当前时间为偶数，表示异步操作执行成功，如果当前时间为奇数，表示异步操作执行失败。

（3）如果当前时间为偶数，则调用成功的 resolve()方法，方法中的参数就是需要展示的数据。

（4）如果当前时间为奇数，则调用失败的 reject()方法，方法中的参数就是需要展示的数据。

（5）使用.then()方法获取成功或失败的数据，如果获取数据成功，则调用第一个回调函数，如果获取数据失败，则调用第二个回调函数，最终的运行结果如图 9-2 所示。

图 9-2　promise 执行结果

9.3.4　promise 的 API

下面介绍 promise 的常用 API。

1. Promise (excutor) {}

（1）excutor()函数：同步执行(resolve, reject) => {}。

（2）resolve()函数：定义成功时调用的函数　value => {}。

（3）reject()函数：定义失败时调用的函数　reason => {}。

注意：

excutor 会在 promise 内部立即同步回调，异步操作则在执行器中执行。

2. Promise.prototype.then()方法：(onResolved, onRejected) => {}

（1）onResolved()函数：成功的回调函数为(value) => {}。

（2）onRejected()函数：失败的回调函数为(reason) => {}。

视频讲解

视频讲解

3. Promise.prototype.catch()方法：(onRejected) => {}

onRejected()函数：失败的回调函数为(reason) => {}。

代码展示如下。

```
new Promise((resolve, reject) => {
        //模拟异步操作
        setTimeout(() => {
            //异步操作成功
            resolve('成功的数据')
            //异步操作失败
            reject('失败的数据')
        }, 1000)
    }).then(
        value => {
            //获取成功的数据
            console.log(value)
        }
    ).catch(
        reason => {
            //获取失败的数据
            console.log(reason)
        }
    )
```

4. Promise.resolve()方法：(value) => {}

value：成功的数据。

案例：定义成功值为 1 的 promise 对象。

1）方法一

```
const p1 = new Promise((resolve, reject) => {
        resolve(1)
    })
    p1.then(value => {
        console.log(value)
    })
```

2）方法二

```
const p2 = Promise.resolve(1)
    p2.then(value => {
        console.log(value)
    })
```

注意：

Promise.resolve 可以更加简洁、方便地定义成功的 promise 对象。

5. Promise.reject()方法：(reason) => {}

reason：失败的原因。

案例：定义失败值为 2 的 promise 对象。

1）方法一

```
const p3 = new Promise((resolve, reject) => {
    reject(2)
})
p3.then(
    null, reason => {
        console.log(reason)
    }
)
```

2）方法二

```
const p4 = Promise.reject(2)
p4.then(
    null, reason => {
        console.log(reason)
    }
)
```

 注意：

.then()方法中，第一个是获取成功的回调函数，第二个是获取失败的回调函数，由于本案例是获取失败的数据，所以第一个回调函数使用 null。

或者使用.catch()方法获取，代码如下。

```
const p4 = Promise.reject(2)
p4.catch(reason => {
    console.log(reason)
})
```

6. Promise.all()方法：(promises) => {}

promises：多个 promise 数组。

作用：返回一个新的 promise 对象，当数组中的所有 promise 对象都执行成功，才为成功，只要数组中有一个 promise 对象执行失败，就为失败，代码如下。

```
const p1 = new Promise((resolve, reject) => {
    //成功
```

```
        resolve(1)
    })
    //成功
    const p2 = Promise.resolve(1)
    //失败
    const p3 = Promise.reject(2)
    const pAll = Promise.all([p1, p2, p3])
    pAll.then(
        values => {
            console.log(values)
        },
        reason => {
            console.log(reason)
        }
    )
```

代码解析如下。

因为 p3 是错误的数据，所以运行上述代码，最终会执行 reason 回调函数，执行结果就是 p3 中定义的错误数据"2"，如图 9-3 所示。

图 9-3　执行 reason 回调函数

如果把 p3 删掉，此时 p1 和 p2 都是定义成功的 promise 对象，所以 pAll.then()会执行成功的回调函数。

 注意：

执行结果会以数组的形式打印，运行结果如图 9-4 所示。

图 9-4　pAll 执行结果

7. Promise.race()方法：(promises) => {}

promises：多个 promise 对象的数组。

作用：返回一个新的 promise 对象。第一个完成 promise 的状态就是最终的结果状态。

```
const p1 = new Promise((resolve, reject) => {
    //成功
    resolve(1)
})
//成功
const p2 = Promise.resolve(2)
//失败
const p3 = Promise.reject(3)
const pRace = Promise.race([p1, p2, p3])
pRace.then(
    value => {
        console.log(value)
    },
    reason => {
        console.log(reason)
    }
)
```

代码解析如下。

当前 p1、p2、p3 都没有延迟，所以第一个执行完成的就是 p1，pRace.then()最终调用的状态就是 p1 的状态。在没有延迟的情况下，最终的状态就是数组中第一个 promise 对象的状态。

9.3.5　async 与 await

视 频 讲 解

当前，async 与 await 是编写异步操作的解决方案，也是建立在 promise 基础上的新写法，两者同时使用，如果在方法中使用了 await，那么方法前面必须加上 async。

1. async 函数

作用：返回 promise 对象。

 注意：

async 的右侧是一个函数，函数的返回值是 promise 对象。

```
async function fn1() {
    return "hello async"
}
const res = fn1()
console.log(res)
```

代码解析如下。

如果 fn1()函数前面不加 async，毫无疑问，res 的打印结果应该是 hello async，加上 async 之后将打印 promise 对象，如图 9-5 所示。

图 9-5   res 打印结果

既然返回的是 promise 对象，获取数据就要使用.then 方法，并且要设置成功的回调函数和失败的回调函数，代码如下。

```
async function fn1() {
    return "hello async"
}
const res = fn1()
res.then(
    value => {
        console.log(value)
    },
    reason => {
        console.log(reason)
    }
)
```

运行代码，此时在.then 中执行的是成功的回调函数，如图 9-6 所示。

图 9-6   .then 执行成功的回调函数

加上 async 之后，返回的是 promise 对象，我们也可以直接在 fn1 函数中设置返回失败的数据，代码如下。

```
async function fn1() {
    return Promise.reject('失败的数据')
}
const res = fn1()
res.then(
    value => {
        console.log(value)
    },
    reason => {
        console.log(reason)
    }
)
```

运行结果如图 9-7 所示。

图 9-7　res.then 执行结果

通过上述案例，可以得出两个结论。

（1）async 函数的返回值为 promise 对象。

（2）promise 对象的结果，由 async 函数执行的返回值决定。

2. await 表达式

作用：等待 async 函数执行完成，并返回 async 函数成功的值，代码如下。

```
async function fn1() {
    return 'Hello async'
}
async function fn2() {
    const res = await fn1()
    console.log(res)
}
fn2()
```

代码解析如下。

fn1()函数的返回值是 promise 对象。在 fn2()函数中，await 获取到的是 hello async，表示使用 await 可以直接获取到 promise 对象成功的值，不需要使用.then()方法，运行结果如图 9-8

所示。

图 9-8　await 获取到的是 hello async

 注意：

await 必须写在 async 函数中，但 async 函数中可以没有 await。

扩展：

fn1()函数的返回值是 promise，并且设置的是成功的数据。那么如果 fn1()函数返回的是失败的数据，上述代码可以正常运行吗？代码如下。

```
<script>
    async function fn1() {
        return Promise.reject('失败数据')
    }
    async function fn2() {
        const res = await fn1()
        console.log(res)
    }
    fn2()
</script>
```

运行结果如图 9-9 所示。

图 9-9　await 等待结果

结论：await 只能等待 promise 对象返回成功的数据，如果 promise 返回的是失败的数据，直接使用 await 则会报错，应该使用 try/catch 获取失败结果，最终代码如下。

```
<script>
    async function fn1() {
        return Promise.reject('失败数据')
    }
    async function fn2() {
        try {
            const res = await fn1()
            console.log(res)
        } catch (error) {
            console.log(error)
        }
    }
    fn2()
</script>
```

第 **10** 章

Vuex 状态管理

章节简介

本章讲解 Vuex 的使用，Vuex 是状态管理，这里的状态可以看成 Vue 中的属性，和其他属性相比，所有组件都可以引用 Vuex 里面的属性，也就是常说的数据共享。

Vuex 相当于一个数据仓库，所有组件都可以到仓库中存取数据，比较经典的用户登录、购物车等功能都可以通过 Vuex 实现。

视频讲解

10.1 Vuex 基础应用

官方文档中描述"Vuex 是一个专为 Vue.js 应用程序开发的状态管理模式"，重点讲解 state、getters、mutations、actions 等核心概念，最终实现数据共享，本节实现在 Vue 项目中配置 Vuex，步骤如下。

（1）安装 Vuex，打开终端，在终端中执行以下命令。

```
npm install vuex -S
```

（2）引用 Vuex，打开 main.js，在 main.js 中引用 Vuex，代码如下。

```
import Vuex from 'vuex'
Vue.use(Vuex)
```

（3）创建 Vuex 实例对象，成功引用 Vuex 之后，就可以像 Vue 一样创建实例对象了，代码如下。

```
var store = new Vuex.Store({
  state: {
    //相当于 Vue 中的 data
    num: 10
  }
})
```

代码解析如下。

配置对象中的 state 相当于 Vue 中的 data 属性，用来存放数据。

（4）将 Vuex 实例对象挂载到 Vue 实例中，代码如下。

```
new Vue({
  el: '#app',
  router,
  store, //将 Vuex 实例挂载到 Vue 对象
  components: { App },
  template: '<App/>'
})
```

挂载到 Vue 实例之后，Vue 中的所有组件都可以使用 Vuex 中的值，例如当前在 Vuex 中定义了 num 属性，若要在 HelloWorld 组件中使用 num 属性，代码如下。

HelloWorld 组件代码如下。

```
<div class="hello">
    <h1>{{$store.state.num}}</h1>
</div>
```

语法是使用插值表达式及$store.state.公共数据，运行代码，在 HelloWorld 组件中可以拿到 Vuex 中定义的属性，这是 Vuex 的基本用法。

为了方便后期维护 Vuex 代码，下面讲解 Vuex 代码分离。在 src 目录下新建 store 文件夹，在 store 文件夹下新建 index.js，代码如下。

```
import Vue from 'vue'
import Vuex from 'vuex'
Vue.use(Vuex)
var store = new Vuex.Store({
  state: {
    //相当于 Vue 中的 data
    num: 10
  }
```

```
})
export default store
```

代码解析如下。

（1）Vuex 是依赖 Vue 的，需要先引入 Vue。

（2）要遵循 common.js 规范，使用 export default 导出 store 模块。

最后只需要在 main.js 中引用模块即可，代码如下。

```
import store from './store'
```

视 频 讲 解

10.2　getters 的使用

作用：类似于过滤器，数据输出之前可以操作数据。

案例：在 HelloWorld 组件中输出 num 之后，拼接字符"元"。

1. Vuex 代码

```
import Vue from 'vue'
import Vuex from 'vuex'
Vue.use(Vuex)
var store = new Vuex.Store({
    state: {
        num: 10
    },
    getters: {
        //1. 定义方法，传入 state
        newnum(state) {
            //2. 将新数据 return 出去
            return state.num + '元'
        }
    }
})
export default store
```

2. HelloWorld 组件代码

```
<div class="hello">
    <h1>{{$store.getters.newnum}}</h1>
</div>
```

运行结果如图 10-1 所示。

代码解析如下。

getters 属性和 state 属性平级，可以过滤 state 中的数据。

图 10-1　渲染 getters 数据

10.3　mutations 的使用

视 频 讲 解

作用：操作 Vuex 中的 state 属性数据。

案例：在 HelloWorld 组件中单击按钮，实现 state 中的 num 数字自增。

错误的代码演示如下。

```
<template>
  <div class="hello">
    <h1>{{$store.state.num}}</h1>
    <input type="text" :value="$store.state.num" />
    //1. 绑定按钮单击事件
    <input type="button" value="+1" @click="addnum" />
  </div>
</template>
<script>
export default {
  name: "HelloWorld",
  data() {
    return {};
  },
  methods: {
    //2. 获取到 state 中的值，实现自增
    addnum() {
      this.$store.state.num++;
    }
  }
};
</script>
```

代码解析如下。

上述修改 state 中 num 属性的方法是错误的。运行程序，虽然单击 HelloWorld 中的按钮可以实现自增，但 Vuex 中的值并没有发生变化，修改的只是当前页面中的值。

正确修改 state 中属性值的方法为使用 mutations，代码如下。

1. Vuex 代码

```
import Vue from 'vue'
import Vuex from 'vuex'
Vue.use(Vuex)
var store = new Vuex.Store({
    state: {
        num: 10
    },
    getters: {
        newnum(state) {
            return state.num + '元'
        }
    },
    mutations:{
        //1. 定义方法，传入 state
        getAdd(state){
            //2. 实现 num 自增
            state.num++
        }
    }
})
export default store
```

2. HelloWorld 组件代码

```
<template>
  <div class="hello">
    <h1>{{$store.getters.newnum}}</h1>
    <input type="text" :value="$store.state.num" />
    <input type="button" value="+1" @click="addnum" />
  </div>
</template>

<script>
export default {
  name: "HelloWorld",
  data() {
    return {};
```

```
  },
  methods: {

    addnum() {
      //错误
      //this.$store.state.num++;

      //正确
       this.$store.commit('getAdd')
    }
  }
};
</script>
```

代码解析如下。

单击按钮，触发 addnum 方法，在方法中使用 this.$store.commit 触发 mutations 中的方法，运行程序，即可实现 num 数字自增。

mutations 中传递参数：在 HelloWorld 组件中单击自增按钮，可以把 HelloWorld 组件的数据传递到 Vuex 数据仓库中，例如传递数字 100，代码如下。

1. HelloWorld 组件代码

```
methods: {
  addnum() {
     this.$store.commit('getAdd',100)
  }
}
```

2. Vuex 代码

```
mutations:{
      //第二个参数是用户传递的参数
      getAdd(state,data){
          state.num++
          //运行结果为数字 100
          console.log(data)
      }
    }
```

代码解析如下。

用户传递参数时只能传一个参数，如果想传递多个参数，需要使用对象形式，代码如下。

```
 methods: {
   addnum() {
```

```
        this.$store.commit('getAdd',{id:1,name:'小明'})
    }
  }
```

重点：在组件中不能直接修改 state 中的属性值，需要通过 mutations 修改 state 中的属性值。

10.4   actions 的使用

视频讲解

作用：修改 state 数据，异步修改。

10.3 节讲解 mutations 修改 state 中的数据，但 mutations 只能同步修改。如果 mutations 出现异步操作，那么则不能继续操作 state 中的数据，而要在 mutations 中模拟异步操作，接 10.3.1 节代码，如下所示。

Vuex 代码如下。

```
mutations: {
    getAdd(state, data) {
        //使用 setTimeout 模拟异步操作
        setTimeout(() => {
            state.num++
            console.log(data)
        }, 1000);
    }
}
```

HelloWorld 组件代码不变，此时单击自增按钮，会出现页面中的数据和 state 中的数据不统一的情况。

出现数据不统一说明 mutations 不能操作异步数据，需要使用 actions，代码如下。

Vuex 代码如下。

```
import Vue from 'vue'
import Vuex from 'vuex'
Vue.use(Vuex)
var store = new Vuex.Store({
    state: {
        num: 10
    },
    getters: {
        newnum(state) {
            return state.num + '元'
        }
    },
    mutations:{
```

```
        getAdd(state){
            state.num++
            console.log(data)
        }
    },
    actions: {
        //1. 定义方法，传入形参
        getAddActions(content){
            //2. 使用 commit 方法触发 mutations 中的方法
            content.commit('getAdd')
        }
    }

})
export default store
```

代码解析如下。

actions 中的方法并不能直接操作 state 中的数据，需要触发 mutations 中的方法，最终还得通过 mutations 中的方法修改数据。

HelloWorld 组件代码如下。

```
methods: {
    addnum() {
        //mutations 处理同步
        //this.$store.commit('getAdd',{id:1,name:'小明'})
        //actions 处理异步
        this.$store.dispatch('getAddActions')
    }
}
```

代码解析如下。

通过 this.$store.dispatch 触发 actions 中的方法, 运行程序, 可以实现页面和 state 数据统一, 最后在 actions 中模拟异步操作, 代码如下。

```
actions: {
    getAddActions(content) {
        setTimeout(() => {
            content.commit('getAdd')
        }, 1000);
    }
}
```

运行程序，HelloWorld 中的数据和 state 中的数据可以实现统一，说明操作异步数据要使用 actions。

下面讲解异步参数传递。

在调用 actions 中方法时，同样可以把组件中的数据传递给 Vuex，代码如下。

HelloWorld 组件代码如下。

```
methods: {
    addnum() {
        //传递数字100
        this.$store.dispatch('getAddActions',100)
    }
}
```

Vuex 组件代码如下。

```
import Vue from 'vue'
import Vuex from 'vuex'
Vue.use(Vuex)
var store = new Vuex.Store({
    state: {
        num: 10
    },
    getters: {
        newnum(state) {
            return state.num + '元'
        }
    },
    mutations: {
        //3. 最终在mutations中接收用户传递的数据
        getAdd(state,data) {
            state.num++
            console.log(data)
        }
    },
    actions: {
        //1. 在方法中接收
        getAddActions(content,data) {
            setTimeout(() => {
                //2. 触发mutations中方法时传递数据
                content.commit('getAdd',data)
            }, 1000);
        }
    }

})
export default store
```

代码解析如下。

首先在 actions 中的方法接收数据，等触发 mutations 中方法时把接收的数据传递出去，最终在 mutations 中的方法接收数据。

10.5　Vuex 代码分离

视 频 讲 解

随着功能的增加，state、getters、mutations、actions 中的代码会越来越多，为了方便后期管理，可以进行代码分离。

在 store 文件夹下新建 state.js，代码如下。

```
//直接把 state 对象导出
export default {
    num: 10
}
```

index.js 代码如下。

```
import Vue from 'vue'
import Vuex from 'vuex'
Vue.use(Vuex)
//1. 引用刚才创建的 state 模块
import state from './state'

var store = new Vuex.Store({
    //2. state 的属性值就是引入模块的名称
    state: state,
    getters: {
        newnum(state) {
            return state.num + '元'
        }
    },
    mutations: {
        getAdd(state, data) {
            state.num++
            console.log(data)
        }
    },
    actions: {
        getAddActions(content, data) {
            setTimeout(() => {
                content.commit('getAdd', data)
            }, 1000);
```

```
        }
    }
})
export default store
```

代码解析如下。

上述代码中的 state 属性名和属性值相同，根据 es6 语法，state: state 可以简写成 state，代码如下。

```
var store = new Vuex.Store({
    //简写成 state
    state,
    getters: {
        newnum(state) {
            return state.num + '元'
        }
    }
})
```

getters、mutations、actions 的分离方式和 state 相同，详情可观看视频讲解。

10.6　辅　助　函　数

作用：在组件中调用 Vuex 的数据或方法，使其更加便捷。

辅助函数总共有 4 个，即 mapState、mapGetters、mapMutations、mapActions。

10.6.1　mapState 辅助函数

视频讲解

第一个辅助函数 mapState，其作用是处理 state 中的数据，代码如下。

```
<template>
  <div class="hello">
    //4. 直接使用插值表达式，使用 state 中的数据
    <h1>mapState 辅助函数：{{num}}</h1>
  </div>
</template>

<script>
//1. 引入 mapState 辅助函数
import {mapState} from 'vuex'
export default {
  name: "HelloWorld",
```

```
data() {
  return {};
},
//2. 在 computed 计算属性中使用辅助函数
computed:{
  //3. num 就是 state 中定义的数据
  ...mapState(['num'])
},
methods: {
}
};
</script>
```

代码解析如下。

mapState 辅助函数需要在 computed 计算属性中使用。

使用辅助函数前后的调用对比如下。

使用之前：<h1>{{$store.state.num}}</h1>。

使用之后：<h1>{{num}}</h1>。

10.6.2　mapGetters 辅助函数

视 频 讲 解

mapGetters 辅助函数是将 store 中的 getters 映射到组件计算属性中，其作用是可以在组件中更加便捷地使用 getters 对象中的属性，下述代码是在组件中使用 mapGetters 辅助函数。

```
<template>
  <div class="hello">
    //4. 直接使用插值表达式，使用 getters 中的数据
    <h1>mapGetters 辅助函数：{{newnum}}</h1>
    <h1>mapState 辅助函数：{{num}}</h1>
  </div>
</template>

<script>
//1. 引入 mapGetters 辅助函数
import {mapState,mapGetters} from 'vuex'
export default {
  name: "HelloWorld",
  data() {
    return {};
  },
  //2. 在 computed 计算属性中使用辅助函数
  computed:{
    //3. newnum 就是 getters 中定义的数据
```

```
    ...mapState(['num']),
    ...mapGetters(['newnum'])
  }

};
</script>
```

代码解析如下。

mapGetters 的作用是处理 getters 属性中的数据,其使用方法和 mapState 辅助函数一样,也是在 computed 计算属性中使用。

10.6.3　mapMutations 辅助函数

mapMutations 辅助函数的作用是把 store 中 mutation 内的方法映射到组件 methods 属性中,可以在组件中直接使用 mutation 里面的方法,下述代码是在组件中使用 mapMutations 辅助函数。

```
<template>
  <div class="hello">

    <h1>mapGetters 辅助函数: {{newnum}}</h1>
    <h1>mapState 辅助函数: {{num}}</h1>

    <input type="text" :value="$store.state.num" />
    //3. 绑定单击事件
    <input type="button" value="+1" @click="addnum" />
  </div>
</template>

<script>
//1. 引入 mapMutations 辅助函数
import {mapState,mapGetters,mapMutations} from 'vuex'
export default {
  name: "HelloWorld",
  data() {
    return {};
  },

  computed:{
    ...mapState(['num']),
    ...mapGetters(['newnum'])
  },
  methods: {
    //2. 在 methods 中使用 mapMutations
```

```
    ...mapMutations(['getAdd']),
    addnum() {
        //4. 直接使用 mapMutations 结构的方法
        this.getAdd()
    }
  }
};
</script>
```

代码解析如下。

mapMutations 辅助函数和 mapState 辅助函数、mapGetters 辅助函数不一样，它是在 methods 属性中使用的。

10.6.4　mapActions 辅助函数

mapActions 辅助函数的作用是把 store 中 actions 内的方法映射到组件 methods 属性中，可以在组件中直接使用 actions 里面的方法，下述代码是在组件中使用 mapActions 辅助函数。

```
<template>
  <div class="hello">
    <h1>mapGetters 辅助函数：{{newnum}}</h1>
    <h1>mapState 辅助函数：{{num}}</h1>

    <input type="text" :value="$store.state.num" />
    //3. 绑定单击事件
    <input type="button" value="+1" @click="addnum" />
  </div>
</template>

<script>
//1. 引入 mapActions 辅助函数
import { mapState, mapGetters, mapMutations, mapActions } from "vuex";
export default {
  name: "HelloWorld",
  data() {
    return {};
  },

  computed: {
    ...mapState(["num"]),
    ...mapGetters(["newnum"])
  },
  methods: {
    //2. 在 methods 中使用 mapActions
```

```
    ...mapMutations(["getAdd"]),
    ...mapActions(["getAddActions"]),
    addnum() {
      //4. 直接使用 mapMutations 结构的方法
      this.getAddActions();
    }
  }
};
</script>
```

总结：从分类来看，这 4 个辅助函数可以归为两大类，mapState 和 mapGetters 属于一类，它们在 computed 计算属性中使用。mapMutations 和 mapActions 属于另一类，它们在 methods 属性中使用。

10.7　Vuex 实例之登录退出

本节使用 Vuex 实现登录和退出功能。输入用户名和密码后，修改 Vuex 中的状态并使用 localStorage 本地存储实现数据持久化，登录成功之后即可实现退出功能。

10.7.1　vue-cli 创建项目站点

视频讲解

使用 vue-cli 创建项目，新建文件夹 myvuex 作为项目站点，打开站点，按住 Shift 键的同时右击，在弹出的快捷菜单中选择“在此处打开命令窗口”命令，如图 10-2 所示。

图 10-2　在命令窗口快速打开站点

在命令窗口中执行“Vue init webpack vuexlogin”，选择配置安装即可。

在 components 文件夹下新建 login 组件，如图 10-3 所示。

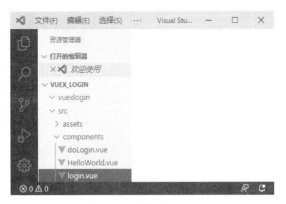

图 10-3　新增 login.vue

增加路由匹配规则，当访问/login 时加载 login.vue 组件，路由代码如下。

```
import Vue from 'vue'
import Router from 'vue-router'
import HelloWorld from '@/components/HelloWorld'
import login from '@/components/login'
Vue.use(Router)
export default new Router({
  routes: [
    {
      path: '/login',
      name: 'login',
      component: login
    },
  ]
})
```

访问/login，最终结果如图 10-4 所示。

图 10-4　login.vue 前端展示

视频讲解

视频讲解

视频讲解

视频讲解

10.7.2   Vuex 修改登录状态

操作步骤如下。

（1）安装 Vuex，在终端中执行"npm install vuex -S"。

（2）在 store 文件夹下新建 index.js，如图 10-5 所示。

图 10-5   在 store 文件夹新增 Vuex 代码文件

index.js 代码如下。

```
import Vue from 'vue'
import Vuex from 'vuex'
Vue.use(Vuex)
var store = new Vuex.Store({
    state:{
        //0 表示未登录
        //1 表示已登录
        islogin:0
    }
})
export default store
```

代码解析如下。

在 state 中新增 islogin 属性，属性值为 0 表示用户未登录，属性值为 1 表示用户已登录，默认值为 0。

（3）打开 main.js，在 Vue 实例中引用 Vuex，代码如下。

```
import Vue from 'vue'
import App from './App'
import router from './router'
//1. 引用 Vuex
import store from './store'
Vue.config.productionTip = false
```

```
new Vue({
  el: '#app',
  router,
  store,//2. 挂载 Vuex
  components: { App },
  template: '<App/>'
})
```

注意:

当 Vuex 挂载到 Vue 实例后，就可以在任何页面调用 Vuex 中的数据了。

（4）创建 doLogin 登录表单组件，如图 10-6 所示。

图 10-6　doLogin.vue 登录表单组件

修改路由匹配规则，访问/doLogin 时展示 doLogin 组件，代码如下。

```
import Vue from 'vue'
import Router from 'vue-router'
import doLogin from '@/components/doLogin'
Vue.use(Router)
export default new Router({
  routes: [
    {
      path: '/doLogin',
      name: 'doLogin',
      component: doLogin
    }
  ]
})
```

（5）布局 doLogin 登录表单组件，代码如下。

视图层代码如下。

```
<template>
  <div>
     <h1>{{$store.state.islogin}}</h1>
    <h1>
      <input type="text" placeholder="请输入用户名" v-model="username" />
    </h1>
    <h1>
      <input type="text" placeholder="请输入密码" v-model="password" />
    </h1>
    <button @click="login">登录</button>
  </div>
</template>
```

代码解析如下。

首先使用{{$store.state.islogin}}调用 Vuex 中的 islogin，然后使用 v-model 双向数据绑定获取用户输入的用户名和密码，最后新增登录事件。

运行程序，登录表单组件的效果如图 10-7 所示，0 表示 Vuex 中的 islogin 的值。

图 10-7   登录表单组件效果

JS 逻辑代码如下。

```
<script>
export default {
  data() {
    return {
      username: null,//admin
      password: null //123456
    };
  },
  methods:{
```

```
    login(){
        if(this.username=='admin'&&this.password=='123456'){
            //用户名和密码正确，修改 state 中的 islogin
            //方法 1：不使用辅助函数
            //...
        }else{
            console.log('用户名或密码错误')
        }
    }
}
};
</script>
```

分析：在 data 中定义 username 和 password，接收用户输入的用户名和密码，在 methods 中定义 login()方法，修改 Vuex 中的登录状态。

代码解析如下。

在 login()方法中判断用户名是否为 admin、密码是否为 123456。当用户输入正确，修改 state 中 islogin 的值，当前并没有在 Vuex 中定义方法，接下来打开 store 文件夹下的 index.js 文件。

（6）在 mutations 中修改登录状态。

不能直接修改 state 中的值，而是要借助 mutations，修改代码如下。

```
import Vue from 'vue'
import Vuex from 'vuex'
Vue.use(Vuex)
var store = new Vuex.Store({
    state:{
        //0 表示未登录
        //1 表示已登录
        islogin:0
    },
    mutations:{
        //不能直接修改 islogin 的值，需要借助 mutations
        dologin(state){
            state.islogin=1,
        }
    }
})
export default store
```

返回 doLogin 页面，当用户名和密码输入正确时，调用 mutations 中的 dologin 方法修改登录状态，代码如下。

```
methods:{
    login(){
        if(this.username=='admin'&&this.password=='123456'){
            //用户名和密码正确，修改 state 中的 islogin
            //方法 1：不使用辅助函数
            this.$store.commit('dologin')
        }else{
            console.log('用户名或密码错误')
        }
    }
}
```

代码解析如下。

在登录组件中调用 mutations 中的方法有两种形式，第一种方法是使用 this.$store.commit ('dologin')直接调用，第二种方法是借助辅助函数调用。

mutations 辅助函数代码如下。

```
<script>
//1. 引入 mapMutations 辅助函数
import {mapMutations} from 'vuex'
export default {
  data() {
    return {
      username: null,//admin
      password: null //123456
    };
  },
  methods:{
    //2. 在 methods 中使用 mapMutations
    ...mapMutations(['dologin']),
    login(){
        if(this.username=='admin'&&this.password=='123456'){
            //方法二：使用辅助函数
            this.dologin()
        }else{
            console.log('用户名或密码错误')
        }
    }
  }
};
</script>
```

（7）退出登录。

当用户名和密码输入正确时，应显示用户名并有"退出"按钮，如图 10-8 所示。

图 10-8　登录成功状态显示

在此页面需要实现两个功能，第一个功能为登录成功后显示用户名，第二个功能为用户退出操作。

① 显示用户名。

代码如下。

```
<template>
    <div>
        <h1 v-if="$store.state.islogin==1">用户: admin <button @click="logout">
退出</button></h1>
        <h1 v-else><router-link to='/doLogin' tag='span'>登录</router-link>
</h1>
    </div>
</template>
```

代码解析如下。

使用 v-if 进行登录判断，当$store.state.islogin 等于 1 说明用户已登录，否则显示登录按钮。

② 退出功能。

单击"退出"按钮，需要将 state 中的 islogin 属性重新赋值为 0，打开 store 下的 index.js，在 mutations 中添加退出方法，代码如下。

```
import Vue from 'vue'
import Vuex from 'vuex'
Vue.use(Vuex)
var store = new Vuex.Store({
    state:{
        //0 表示未登录
        //1 表示已登录
        islogin:0
    },
    mutations:{
```

```
        //不能直接修改 islogin 的值，需要借助 mutations
        dologin(state){
            state.islogin=1
        },
        //退出方法
        dologout(state){
            state.islogin=0,
        }
    }
})
export default store
```

代码解析如下。

dologout 为退出方法，在 login 组件单击"退出"按钮时调用即可，可直接调用，也可使用辅助函数，调用代码如下。

```
<script>
import {mapMutations} from 'vuex'
export default {
    methods:{
        ...mapMutations(['dologout']),
        logout(){
            this.dologout()
        }
    }
}
</script>
```

代码解析如下。

在 login.vue 组件中，单击"退出"按钮调用 logout()方法，然后在 logout()方法中调用 Vuex 中的 dologout()退出方法。

（8）localStorage 本地存储，实现数据持久化。

当前虽然已经实现了用户的登录和退出，但是当刷新页面时，state 中的 islogin 会恢复成默认的未登录状态，本节将 state 中的值保存到 localStorage 中，代码如下。

```
import Vue from 'vue'
import Vuex from 'vuex'
Vue.use(Vuex)
var store = new Vuex.Store({
    state:{
        //0 表示未登录
        //1 表示已登录
        islogin:localStorage.getItem('islogin')
```

```
        },
    mutations:{
        dologin(state){
            state.islogin=1,
            //使用本地存储实现数据持久化
            localStorage.setItem('islogin',1)
        },
        dologout(state){
            state.islogin=0,
            localStorage.removeItem('islogin')
        }
    }
})
export default store
```

代码解析如下。

以上案例中设置本地存储使用了 localStorage.setItem('islogin',1)，第一个参数是自定义属性名，第二个参数是存储值。

获取本地存储使用 localStorage.getItem('islogin')，islogin 为属性名。

移除本地存储使用 localStorage.removeItem('islogin')，islogin 为属性名。

第 **11** 章

企业项目实战

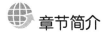 章节简介

本章进入项目实战，通过一个企业项目，把前面所学的知识点串联起来，例如各种指令的使用、双向数据绑定、接口调用、数据遍历渲染等。

项目目标：掌握使用 Vue 开发前端企业网站的方法。

项目最终效果如图 11-1 和图 11-2 所示。

11.1　vue-cli 创建项目

使用 vue-cli 创建项目，新建文件夹 mywebsite 当作项目站点，打开站点，按住 Shift 键的同时右击，在弹出的快捷菜单中选择"在此处打开命令窗口"命令，执行"Vue init webpack fooddemo"。

选择配置选项，可参考第 2 章进行选择，此时在 mywebsite 文件夹下面会有 fooddemo 项目，使用 vs code 打开该项目即可。

检测 vue-cli 下载的文件是否完整，可在 vs code 终端执行"npm run dev"，看到欢迎界面即表示项目下载完成，可正常运行，如图 11-3 所示。

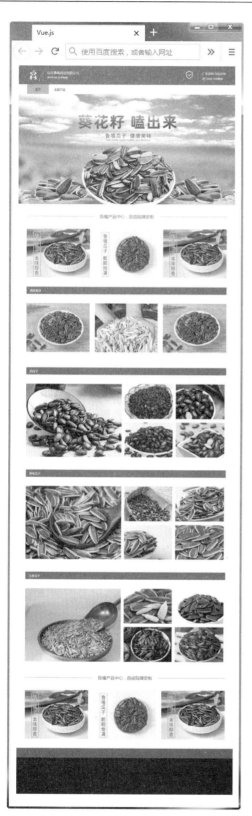

图 11-1　项目最终效果图

图 11-2　产品列表页效果图

图 11-3　Vue-cli 项目首页

11.2　首　页　开　发

App.vue 作为入口组件，打开 App.vue，删掉系统创建的代码，只需要保留 router-view 即可，router-view 显示的内容由路由匹配规则决定，代码如下。

```
<template>
  <div id="app">
    <!-- <router-view/> 中的内容是变化的，需要根据路由匹配规则显示-->
    <router-view/>
  </div>
</template>

<script>
export default {
  name: 'App'
}
</script>

<style  scoped>
</style>
```

在 src 目录下创建 views 文件夹，用于存放网站页面，在 views 目录下新建 index 文件夹，存放首页文件，在 index 文件夹下新建 index.vue，如图 11-4 所示。

图 11-4　创建 index.vue

修改路由匹配规则，当路径为根路径时，显示 index.vue，代码如下。

```
import Vue from 'vue'
import Router from 'vue-router'
```

```
//1. 引入首页文件
import index from '../views/index'

Vue.use(Router)

export default new Router({
  routes: [
    {
      //2. 当为根路径时，显示首页组件
      path: '/',
      name: 'index',
      component: index
    }
  ]
})
```

进入 views/index/index.vue 进行页面布局。

布局分析：根据效果图发现，首页和全部产品页面的头部及导航菜单不变，变化的是导航菜单下方的内容，这种效果可以使用嵌套路由实现，先布局头部和导航菜单部分，代码如下。

```
<template>
  <div>
    <div class="header">
      <div class="content">
        <img src="../../assets/images/logo.jpg" class="logo" />
        <img src="../../assets/images/ad_top.jpg" class="ad_top" />
      </div>
    </div>

    <div class="menu">
      <div class="content">
        <ul>
          <li class="bg_active">首页</li>
          <li>全部产品</li>
        </ul>
      </div>
    </div>

    <!--导航以下使用嵌套路由-->
    <router-view></router-view>
  </div>
</template>
```

注意:

只展示视图层代码,CSS 样式代码可以到配套资源中下载。

代码解析如下。

因为要使用嵌套路由,所以在首页文件中预留 router-view。

下面讲解首页代码分离。

首页文件中的头部和导航部分可以抽离成一个单独的组件,在 components 目录下新建 header.vue,把头部和导航菜单的视图层整体复制到 header.vue。

index.vue 首页文件引用 header 组件,代码如下。

```
<template>
  <div>
      //3. 使用组件
    <myHeader></myHeader>

    //导航以下使用嵌套路由
    <router-view></router-view>
  </div>
</template>
<script>
//1. 引入 header 组件
import myHeader from '../../components/header'
export default {
    components:{
        //2. 注册组件
        myHeader
    }
};
</script>
```

最终运行结果如图 11-5 所示。

图 11-5　头部区域

视频讲解

视频讲解

11.2.1　布局首页静态页面

本节完成整个首页布局,导航菜单以下所有内容都应该通过路由匹配规则,在 index/

index.vue 的 router-view 中展现。

在 components 目录新建 home.vue，home.vue 为首页的其他内容，下面先通过匹配规则把 home.vue 中的内容在首页中显示出来，代码如下。

```
import Vue from 'vue'
import Router from 'vue-router'
import index from '../views/index'
//1. 引入 home 组件
import home from '../components/home.vue'

Vue.use(Router)

export default new Router({
  routes: [
    {
      path: '/',
      name: 'index',
      component: index,
      //2. 创建嵌套路由匹配规则
      children:[
        {
          path:'/',
          name:'home',
          component:home
        }
      ]
    }
  ]
})
```

运行代码，home.vue 组件的内容可以在首页中正常显示，最后布局 home.vue 组件即可，代码如下（注：此处只有视图代码，样式代码可在资源中下载）。

```
<template>
  <div>
    <div class="banner">
      <img src="../assets/images/banner.jpg" />
    </div>

    <div class="content">
      <div class="ad_product_menu">
        <img src="../assets/images/ad_product.jpg" />
      </div>
      <div class="ad_product_main">
```

```html
      <ul>
        <li>
          <img src="../assets/images/ad_a.jpg" />
        </li>
        <li>
          <img src="../assets/images/ad_a.jpg" />
        </li>
        <li>
          <img src="../assets/images/ad_a.jpg" />
        </li>
      </ul>
    </div>
  </div>

  <div class="content">
    <div class="index_hot">
      <div class="index_hot_menu">精品推荐</div>
      <div class="index_hot_main">
        <ul>
          <li>
            <img src="../assets/images/p1.jpg" />
          </li>
          <li>
            <img src="../assets/images/p1.jpg" />
          </li>
          <li>
            <img src="../assets/images/p1.jpg" />
          </li>
        </ul>
      </div>
    </div>
  </div>

  <div class="content">
    <div class="index_hot_menu">精品推荐</div>

    <div class="index_productlist">
      <div class="index_productlist_left">
        <img src="../assets/images/p2.jpg" />
      </div>
      <div class="index_productlist_right">
        <ul>
          <li>
```

```html
      <img src="../assets/images/p2.jpg" />
    </li>
    <li>
      <img src="../assets/images/p2.jpg" />
    </li>
    <li>
      <img src="../assets/images/p2.jpg" />
    </li>
    <li>
      <img src="../assets/images/p2.jpg" />
    </li>
   </ul>
  </div>
 </div>
</div>

<div class="content">
 <div class="index_hot_menu">精品推荐</div>
 <div class="index_productlist">
  <div class="index_productlist_left">
   <img src="../assets/images/p2.jpg" />
  </div>
  <div class="index_productlist_right">
   <ul>
    <li>
      <img src="../assets/images/p2.jpg" />
    </li>
    <li>
      <img src="../assets/images/p2.jpg" />
    </li>
    <li>
      <img src="../assets/images/p2.jpg" />
    </li>
    <li>
      <img src="../assets/images/p2.jpg" />
    </li>
   </ul>
  </div>
 </div>
</div>

<div class="content">
 <div class="index_hot_menu">精品推荐</div>
```

```
    <div class="index_productlist">
      <div class="index_productlist_left">
        <img src="../assets/images/p2.jpg" />
      </div>
      <div class="index_productlist_right">
        <ul>
          <li>
            <img src="../assets/images/p2.jpg" />
          </li>
          <li>
            <img src="../assets/images/p2.jpg" />
          </li>
          <li>
            <img src="../assets/images/p2.jpg" />
          </li>
          <li>
            <img src="../assets/images/p2.jpg" />
          </li>
        </ul>
      </div>
    </div>
    <div class="content">
      <div class="ad_product_menu">
        <img src="../assets/images/ad_product.jpg" />
      </div>
      <div class="ad_product_main">
        <ul>
          <li>
            <img src="../assets/images/ad_a.jpg" />
          </li>
          <li>
            <img src="../assets/images/ad_a.jpg" />
          </li>
          <li>
            <img src="../assets/images/ad_a.jpg" />
          </li>
        </ul>
      </div>
    </div>
  </div>
</template>
```

运行结果如图 11-6 所示。

图 11-6　首页效果图

视频讲解

11.2.2　使用 axios 获取轮播图

本节先使用 element-ui 实现轮播图功能，再使用 axios 获取服务器端真实数据，最终把数据渲染到 HTML 视图，步骤如下。

（1）安装 element-ui。在终端中运行以下命令。

```
npm i element-ui -S
```

（2）选择使用方式。使用方式分为全局使用和按需使用，为保证页面的加载速度，选择按需使用的方式，在终端中执行以下命令。

```
npm install babel-plugin-component -D
```

（3）修改.babelrc。
代码如下。

```
"plugins": ["transform-vue-jsx", "transform-runtime",
  [
    "component",
    {
      "libraryName": "element-ui",
      "styleLibraryName": "theme-chalk"
    }
  ]
]
```

（4）在 main.js 全局引入轮播图组件，在 home 组件中使用轮播图。
main.js 引用代码，代码如下。

```
import {carousel,carouselItem} from 'element-ui'
Vue.use(carousel)
Vue.use(carouselItem)
```

home.vue 轮播图代码（element-ui 默认代码）如下。

```
<div class="banner">
    <el-carousel height="600px">
      <el-carousel-item v-for="item in 4" :key="item">
        <h3 class="small">{{ item }}</h3>
      </el-carousel-item>
    </el-carousel>
</div>
```

下面讲解 axios 调用轮播图接口，步骤如下。

（1）安装 axios。在终端执行以下命令。

```
npm install axios -S
```

（2）打开 main.js，把 axios 挂载到 Vue 原型对象中，实现数据共享，节省内存空间，代码如下。

```
import Axios from 'axios'
Vue.prototype.$axios = Axios
```

此时可以全局使用 axios，打开 home.vue 组件，调用轮播图接口。

接口地址为 http://api.mm2018.com:8095/api/goods/home。

请求方式为 get 请求，代码如下。

```
<script>
export default {
  data() {
    return {
      //1. 声明 banner 属性，用于接收 axios 获取到的数据
      banner: []
    };
  },
  methods: {
    //2. 声明 getBanner 方法，把获取到的数据赋值给 banner 属性
    getBanner() {
      this.$axios.get("http://api.mm2018.com:8095/api/goods/home")
      .then(res => {
        //console.log(res.data.result)
        this.banner = res.data.result[0].contents;
      });
    }
  },
  //3. 在 created 生命周期函数中调用 getBanner 方法
  created() {
    this.getBanner();
  }
};
</script>
```

代码解析如下。

通过 axios 调用接口，data 中的 banner 属性已经获取到图片数据，使用 v-for 指令把 banner 图片渲染到 HTML 页面即可，代码如下。

```
<div class="banner">
    <el-carousel height="600px">
      <el-carousel-item v-for="(item,i) in banner" :key="i">
       <img :src="item.picUrl">
      </el-carousel-item>
    </el-carousel>
</div>
```

运行结果如图 11-7 所示。

图 11-7　渲染首页轮播图

视 频 讲 解

11.2.3　首页广告版块数据渲染

本节完成首页数据渲染，banner 下面还有 6 个版块，这 6 个版块的渲染方法有两种。

第一种方法比较简单，和 banner 的获取方法一样，即使用下标的形式获取，例如第一个版块是 res.data.result[0]，那么第二个版块的下标为 1，第三个版块的下标为 2，以此类推，这样虽然可以获取到各个版块的数据，但是有些烦琐。

第二种方法是循环遍历整个 res.data.result 数组，根据数组的 type 属性显示不同版块。下面使用第二种方法实现首页数据渲染。

首先获取整个首页版块数据，代码如下。

```
<script>
export default {
  data() {
    return {
      banner: [],
      //1. 声明 allList 属性接收首页所有版块数据
      allList:[]
```

```
      };
    },
  methods: {

    getBanner() {
      this.$axios.get("http://api.mm2018.com:8095/api/goods/home")
      .then(res => {
        //console.log(res.data.result)
        this.banner = res.data.result[0].contents;
        //2. 把所有版块数据赋值给 allList 数组
        this.allList=res.data.result
      });
    }
  },
  //3. 在 created 生命周期函数中调用 getBanner 方法
  created() {
    this.getBanner();
  }
};
</script>
```

然后循环遍历 allList 属性，视图层代码如下。

```
<div v-for="(item,i) in allList" :key="i">
</div>
```

代码解析如下。

此时 div 标签中，不管是什么内容都会遍历 7 次，要根据 type 属性判断是否显示，先把广告模块放到 div 标签中，代码如下。

```
<div v-for="(item,i) in allList" :key="i">
    <!--1. item.type==1 表示广告模块-->
    <div class="content" v-if="item.type==1">
      <div class="ad_product_menu">
        <img src="../assets/images/ad_product.jpg" />
      </div>
      <div class="ad_product_main">
        <ul>
          <!--2. 广告图片在 contents 属性中，使用 v-for 遍历 contents 属性-->
          <li v-for="(ad,i) in item.contents" :key="i">
            <img :src="ad.picUrl" />
          </li>
```

```
          </ul>
        </div>
      </div>
    </div>
```

运行结果如图 11-8 所示。

图 11-8　渲染首页广告

因为整个首页中有两个版块的 type 值为 1，所以前端显示两次广告。

视频讲解

11.2.4　首页商家推荐版块数据渲染

本节讲解商家推荐版块，代码如下。

```
<!--商家推荐的 type 值为 2-->
    <div class="content" v-if="item.type==2">
      <div class="index_hot">
        <div class="index_hot_menu">{{item.name}}</div>
        <div class="index_hot_main">
          <ul>
            <!--循环遍历商家推荐产品-->
            <li v-for="(hotdetail,i) in item.contents" :key="i">
              <img :src="hotdetail.picUrl" />
            </li>
          </ul>
        </div>
      </div>
    </div>
```

运行结果如图 11-9 所示。

图 11-9 渲染首页商家推荐版块

11.2.5 首页其他版块数据渲染

西瓜子、原味瓜子、五香瓜子这 3 个版块的 type 值都等于 3，因此它们的页面布局也是一样的，代码如下。

视频讲解

```
<div class="content" v-if="item.type==3">
    <div class="index_hot_menu">{{item.name}}</div>
    <div class="index_productlist">
      <!--循环遍历大图，大图 type 值为 2-->
      <div class="index_productlist_left" v-for="(bigImg,i) in item.
contents" :key="i" v-if="bigImg.type==2">
        <img :src="bigImg.picUrl" />
      </div>
      <div class="index_productlist_right">
        <ul>
          <!--循环遍历小图，小图 type 值为 0-->
          <li v-for="(smallImg,i) in item.contents" :key="i" v-if="smallImg.
type==0" >
            <img :src="smallImg.picUrl"  />
          </li>
        </ul>
      </div>
    </div>
</div>
```

运行结果如图 11-10 所示。

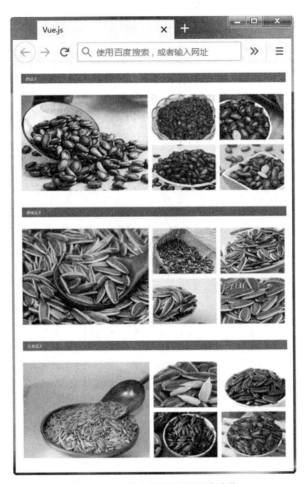

图 11-10　完成首页所有版块渲染

11.3　网页底部信息和产品列表页面开发

本节完成页面底部和全部产品页面的布局，首先考虑页面底部是在哪个组件中，因为每个页面的底部样式都是一样的，所以不能在 home.vue 中写底部样式，如果在 home.vue 组件中写底部样式则其他页面需要再写一次，因此应该在主组件 App.vue 中写底部代码，如下所示。

```
<template>
  <div id="app">
    <router-view />
    <!--网页底部信息-->
    <div class="footer"></div>
    <div class="foot"></div>
  </div>
</template>
```

代码解析如下。

把底部信息放到 App.vue 中是因为所有页面的底部信息都是一样的。没有把头部导航放在 App.vue 中是因为产品详情页面没有使用头部导航。

下面讲解全部产品页面布局。

新建全部产品页面组件，创建路由匹配规则，进入全部产品页面。

在 views 目录新建 productList/index.vue，如图 11-11 所示。

图 11-11　创建产品列表页

打开 router/index.js，创建路由匹配规则，代码如下。

```
import Vue from 'vue'
import Router from 'vue-router'
import index from '../views/index'
import home from '../components/home.vue'
//1. 引入 productList 组件
import alllist from '../views/productList'
Vue.use(Router)
export default new Router({
  routes: [
    {
      path: '/',
      name: 'index',
      component: index,
      children:[
        {
          path:'/',
          name:'home',
          component:home
        },
        //2. 嵌套路由
        {
          path:'/alllist',
          name:'alllist',
          component:alllist
```

```
          }

        ]
      }
    ]
})
```

为导航添加跳转链接，打开 header.vue 组件，修改导航菜单，代码如下。

```html
<div class="menu">
    <div class="content">
      <ul>
        <li class="bg_active"><router-link to="/">首页</router-link></li>
        <li><router-link to="/alllist">全部产品</router-link></li>
      </ul>
    </div>
</div>
```

单击"全部产品"链接，进入 alllist/index.vue 组件，最后布局页面即可。

11.3.1 产品列表静态页面布局

视 频 讲 解

产品列表的静态视图代码如下。

```html
<template>
  <div>
    <div class="content">
      <div class="index_hot">
        <div class="index_hot_menu">
          <span>综合排序</span>
          <span>价格由高到底</span>
          <span>价格由低到高</span>

          <em>
            <input type="text" /> -
            <input type="text" />
            <input type="button" value="价格筛选" />
          </em>
        </div>
        <div class="index_hot_main">
          <ul>
            <li>
              <img src="../../assets/images/p1.jpg" />
              <p>
```

```
            名字
            <br />描述
        </p>
    </li>
    <li>
        <img src="../../assets/images/p1.jpg" />
        <p>
            名字
            <br />描述
        </p>
    </li>
    <li>
        <img src="../../assets/images/p1.jpg" />
        <p>
            名字
            <br />描述
        </p>
    </li>
    <li>
        <img src="../../assets/images/p1.jpg" />
        <p>
            名字
            <br />描述
        </p>
    </li>
    <li>
        <img src="../../assets/images/p1.jpg" />
        <p>
            名字
            <br />描述
        </p>
    </li>
    <li>
        <img src="../../assets/images/p1.jpg" />
        <p>
            名字
            <br />描述
        </p>
    </li>
    <li>
        <img src="../../assets/images/p1.jpg" />
        <p>
```

```
        名字
        <br />描述
      </p>
    </li>
    <li>
      <img src="../../assets/images/p1.jpg" />
      <p>
        名字
        <br />描述
      </p>
    </li>
    <li>
      <img src="../../assets/images/p1.jpg" />
      <p>
        名字
        <br />描述
      </p>
    </li>
    </ul>
    </div>
    </div>
    </div>
  </div>
</template>
```

运行结果如图 11-12 所示。

图 11-12　产品列表页效果图

11.3.2　渲染全部产品页面数据

视频讲解

11.3.1 节完成了全部产品静态页面布局，本节使用 axios 从服务器端获取真实数据渲染到页面，接口地址为 http://api.mm2018.com:8095/api/goods/allGoods?page=1&size=8&sort="&priceGt=

"&priceLte="。

请求方式：get 请求。

相关参数说明如下。

- page：当前显示页面。
- size：每页显示数据条数。
- sort：空为默认排序，1 为正序，−1 为倒序。
- priceGt：价格筛选最小值。
- priceLte：价格筛选最大值。

M 层获取所有产品数据，代码如下。

```
<script>
export default {
    data(){
        return{
            //1. 定义 allList 空数组接收所有产品
            allList:[]
        }
    },
    methods:{
        //2. 声明方法使用 axios 通用形式调用接口
        getAll(){
            this.$axios({
                methods:'get',
                url:`http://api.mm2018.com:8095/api/goods/allGoods?page=
1&size=6&sort=''&priceGt=''&priceLte=''`
            }).then(res=>{
                //console.log(res.data.data)
                this.allList=res.data.data
            })
        }
    },
    created(){
        //3. 在 created 生命周期函数中调用获取数据的方法
        this.getAll()
    }
};
</script>
```

此时获取到的所有数据都存放在 allList 属性中，视图层使用 v-for 遍历 allList 数组渲染数据，代码如下。

```
<div class="index_hot_main">
        <ul>
```

```
          <li v-for="(item,i) in allList" :key="i">
            <img :src="item.productImageUrl" />
            <p>
              {{item.productName}}<br>
              {{item.salePrice}}元
            </p>
          </li>
        </ul>
      </div>
```

运行结果如图 11-13 所示。

图 11-13　获取产品列表页数据

注意：

当前接口参数 page、size、sort、priceGt、priceLte 都是固定的，这里的参数应该设置为动态获取，代码如下。

```
<script>
export default {
    data(){
        return{
            allList:[],
            //1. 参数在 data 中定义
            page:1,
            size:6,
            sort:null,
            priceGt:null,
```

```
                priceLte:null
            }
        },
        methods:{
            //2. 把参数拼接到请求地址
            getAll(){
                this.$axios({
                    methods:'get',
                    url:`http://api.mm2018.com:8095/api/goods/allGoods?page=
${this.page}&size=${this.size}&sort=${this.sort}&priceGt=${this.priceGt}
&priceLte=${this.priceLte}`
                }).then(res=>{
                    //console.log(res.data.data)
                    this.allList=res.data.data
                })
            }
        },
        created(){
            //3. 在 created 生命周期函数中调用获取数据的方法
            this.getAll()
        }
    };
</script>
```

把参数设置为动态获取，是因为排序功能和价格范围筛选功能是通过修改参数值实现的。

11.3.3　产品价格排序功能

本节实现产品价格排序功能。为了更清楚地显示具体单击了哪个菜单，首先实现菜单排他，单击菜单使其变色，代码如下。

视 频 讲 解

CSS 代码如下。

```
<style scoped>
.active{color: #333;}
</style>
```

视图层代码如下。

```
 <div class="index_hot_menu">
        <span :class="{active:isactive==0}" @click="sortBtn(0)">综合排序</span>
        <span :class="{active:isactive==1}" @click="sortBtn(1)">价格由高到底
</span>
        <span :class="{active:isactive==2}" @click="sortBtn(2)">价格由低到高
```

```
    </span>

    </div>
```

JS 逻辑代码如下。

```
methods:{
      sortBtn(i){
          this.isactive=i
      }
   }
```

运行代码，实现菜单排他功能，最后修改 sort 值，即可实现排序功能，代码如下。

```
sortBtn(i){
          this.isactive=i
          if(i==0){
              //默认排序
              this.sort=null
              this.getAll()
          }
          if(i==1){
              //价格由低到高
              this.sort=1
              this.getAll()
          }
          if(i==2){
              //价格由高到低
              this.sort=-1
              this.getAll()
          }
      }
   },
```

视 频 讲 解

11.3.4　产品价格范围筛选功能

实现思路：使用 v-model 双向数据绑定，获取用户输入的最小值和最大值，单击"价格筛选"按钮，重新调用方法获取数据即可，代码如下。

视图层代码如下。

```
<em>
          <input type="text" v-model="priceGt" /> -
          <input type="text" v-model="priceLte" />
```

```
            <input type="button" value="价格筛选" @click="priceBtn()" />
    </em>
```

JS 逻辑代码如下。

```
<script>
export default {
    data(){
        return{
            allList:[],
            page:1,
            size:6,
            sort:null,
            priceGt:null,
            priceLte:null,
            isactive:0,

        }
    },
    methods:{
        //单击"价格筛选"按钮，重新获取数据
        priceBtn(){
            if(this.priceLte>this.priceGt){
                this.getAll()
            }
        },
        getAll(){
            this.$axios({
                methods:'get',
                url:`http://api.mm2018.com:8095/api/goods/allGoods?page=
${this.page}&size=${this.size}&sort=${this.sort}&priceGt=${this.priceGt}
&priceLte=${this.priceLte}`
            }).then(res=>{
                //console.log(res.data.data)
                this.allList=res.data.data
            })
        }
    }
};
</script>
```

运行结果如图 11-14 所示。

图 11-14　产品价格范围筛选

11.4　element-ui 实现产品分页

分页是每个项目必不可少的一个功能，本节讲解使用 element-ui 实现产品分页功能。
进入 element-ui 官网，找到分页组件，在 main.js 全局引入分页组件，代码如下。

```
import { carousel, carouselItem,pagination } from 'element-ui'
Vue.use(carousel)
Vue.use(carouselItem)
//分页组件
Vue.use(pagination)
```

返回 productList/index.vue 组件，引入分页代码，代码如下。

视图层代码（代码为官方提供，直接复制即可）如下。

```
<div class="index_hot_main">
    <ul>
      <li v-for="(item,i) in allList" :key="i">
        <img :src="item.productImageUrl" />
        <p>
          {{item.productName}}
          <br />
          {{item.salePrice}}元
        </p>
      </li>
    </ul>
</div>
<!--分页 start-->
<div class="block">
  <el-pagination
    @size-change="handleSizeChange"
```

```
          @current-change="handleCurrentChange"
          :current-page.sync="page"
          :page-sizes="[3, 6, 9, 12]"
          :page-size="size"
          layout="sizes, prev, pager, next"
          :total="total">
        </el-pagination>
      </div>
      <!--分页 end-->
```

JS 逻辑代码如下。

```
<script>
export default {
  data() {
    return {
      allList: [],
      page: 1,
      size: 6,
      sort: null,
      priceGt: null,
      priceLte: null,
      isactive: 0,
      total: 0
    };
  },
  methods: {
    //分页
    handleSizeChange(val) {
      console.log('每页 ${val} 条');
      this.size = val;
      this.getAll();
    },
    handleCurrentChange(val) {
      console.log('当前页: ${val}');
      this.page = val;
      this.getAll();
    }
  }
};
</script>
```

注意：

上述代码均由 element-ui 官方提供，没有详细注释，建议观看视频学习此章节。

视频讲解

11.5　产品详情页面开发

本节完成鲁嗑食品网站的最后一个功能，即产品详情页。产品详情页面有 3 个知识点需要重点掌握。

（1）产品详情页面和首页、全部产品页面不同，它不属于嵌套路由。

（2）使用链式路由跳转进入详情页面。

（3）产品详情页面获取产品页面传递过来的参数。

新建产品详情页面，如图 11-15 所示。

图 11-15　新建产品详情页面

创建路由匹配规则，代码如下。

```
import Vue from 'vue'
import Router from 'vue-router'
import index from '../views/index'
import home from '../components/home.vue'
import alllist from '../views/productList'
//1. 引入产品详情组件
import detail from '../views/product'
Vue.use(Router)
export default new Router({
  routes: [
    {
      path: '/',
      name: 'index',
      component: index,
      children:[
        {
          path:'/',
          name:'home',
          component:home
        },
        {
```

```
        path:'/alllist',
        name:'alllist',
        component:alllist
      }

   ]
  },
  //2. 创建产品详情匹配规则
  {
    path:'/detail',
    name:'detail',
    component:detail


  }

 ]
})
```

单击产品图片，进入详情页面，为图片绑定单击事件，代码如下。

```html
<div class="index_hot_main">
    <ul>
      <li v-for="(item,i) in allList" :key="i">
        //为图片绑定单击事件并传递产品 id
        <img :src="item.productImageUrl" @click="toLink(item.productId)" />
        <p>
          {{item.productName}}
          <br />
          {{item.salePrice}}元
        </p>
      </li>
    </ul>
</div>
//事件代码
methods: {
    toLink(pid){
      this.$router.push({
        path:`detail?productid=${pid}`
      })

  }
}
```

此时单击产品图片可以跳转到详情页面，只需要调用产品详情接口，获取真实数据即可。
产品详情接口地址为 http://api.mm2018.com:8095/api/goods/productDet?productId=1506425

71432851。

请求方式：get 请求。

获取产品页面传递的 productId，代码如下。

```
<template>
  <div>
    <h1>产品详情</h1>
  </div>
</template>
<script>
export default {
  data() {
    return {};
  },
  methods: {},
  created() {
    //获取传递过来的 productid
    console.log(this.$route.query.productid);
    var pid = this.$route.query.productid;
  }
};
</script>
```

调用接口，获取真实数据，代码如下。

```
<template>
  <div>
    <h1>{{detailData.productName}}</h1>
    <div v-html="detailData.detail"></div>
  </div>
</template>
<script>
export default {
  data() {
    return {
      detailData:{}
    };
  },
  methods: {
    //调用接口获取数据
    getdata(id){
      this.$axios({
        methods:'get',
        url:`http://api.mm2018.com:8095/api/goods/productDet?
```

```
productId=${id}`
        }).then(res=>{
            //console.log(res.data)
            this.detailData=res.data
        })
    }
  },
  created() {
    //获取传递过来的productid
    var pid = this.$route.query.productid;
    //生命周期函数调用方法
    this.getdata(pid)
  }
};
</script>
```

项目总结：通过鲁嗑食品有限公司企业网站案例，主要练习 vue-cli 创建项目、element-ui 的使用、各种 Vue 指令的使用、路由以及嵌套路由的使用等，最终达到使用 Vue 制作前端企业网站的目标。

第 12 章

Vue3.X 新特性解析

🌐 章节简介

当前 Vue.js3.0 已经正式发布。Vue.js 作为前端流行框架，需要我们及时关注学习官方更新的技术文档，本章将学习 Vue3.0 的新特性。

Vue3.X 历程如下。

（1）2019 年 12 月，Vue 作者尤雨溪发布 Vue3.0 源码。

（2）2020 年 4 月，Vue3.0 发布 Beta 版本。

（3）2020 年 9 月，正式发布 Vue3.0。

下面简单介绍一下 Vue3.0 的优点。

（1）在官方讲解中，Vue3.0 项目的运行性能更好，速度更快，至少比 Vue2.X 提高 1 倍。

（2）Vue3.X 为按需编译文件，体积会更小。

（3）组合式 API 更利于维护。

（4）更利于开发原生项目。

可以看出，Vue3.0 让开发项目变得更简单，更节约时间。有的读者可能会问，Vue3.0 发布之后，Vue2.0 的语法还能否使用？答曰：Vue 是向下兼容的，所以大家无须担心，Vue2.0 的语法仍然可以正常使用，新版本只是新增了一些特性。

下面开始讲解 Vue3.0 的新特性。

视 频 讲 解

12.1　Vue3.0 新特性

Vue3.0 中有两个新特性是需要重点关注的。

（1）双向数据绑定的原理发生了改变。Vue2.0 使用 es6 中的 Object.defineProperty 数据劫持原理实现，而在 Vue3.0 中使用的是 Proxy 代理实现双向数据绑定，使用代理形式渲染速度更快。

（2）新增组合式 API（Composition API）。在 Vue3.0 中重点需要学习的就是组合式 API，即需要掌握一组函数 API。

搭建 Vue3.0 项目：通常 Vue3.0 项目的搭建方法是使用 vue-cli，首先需要升级 Vue 的版本，打开控制台查看当前 Vue 的版本，运行 vue -V（注意此处 V 是大写字母）。

查看 Vue 的版本，如果不是最新版本，应先卸载当前版本，再安装新版本，当前脚手架的最新版本为 4.X。

卸载：

```
npm uninstall vue-cli -g
```

安装：

```
npm install @vue/cli -g
```

　注意：

同样建议升级 Node 环境、npm 版本（npm install npm@latest -g）。

使用 vue-cli 创建项目的步骤如下。

（1）打开控制台，进入站点根目录。

（2）运行 "vue create project name"，运行结果如图 12-1 所示。

图 12-1　vue create 创建项目

（3）选择 Manually select features 手动自定义安装，最上面两个选项是 Vue2 和 Vue3 的默认安装。

（4）手动安装模块。

选择 Manually select features 选项之后，会弹出自定义模块选择窗口，在此窗口中可以选择 Vue 版本、是否启用 Babel、是否启用路由等模块，其中 Vue 版本、Babel、Router 是必须要选择的，如图 12-2 所示。

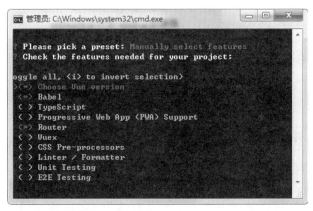

图 12-2　Vue3 自定义模块配置

① Choose Vue version：选择 Vue 版本（必选）。

② Babel：解析 es6 代码（必选）。

③ TypeScript（自定义选择）。

④ Progressive Web App（PWA）Support：渐进式网页应用（自定义选择）。

⑤ Router：路由（必选）。

⑥ Vuex：数据仓库（自定义选择）。

⑦ CSS Pre-processors：CSS 预处理器（自定义选择）。

⑧ Linter/Formatter：代码校验（自定义选择，基本不用）。

⑨ Unit Testing：单元测试（自定义选择）。

⑩ E2E Testing（自定义选择）。

 注意：

使用空格键进行选择，按 Enter 键确定。

（5）选择 Vue 版本，当前选择 Vue3.X 版本。

（6）进入项目，运行"npm run serve"，运行结果如图 12-3 所示。

看到图 12-3 所示界面，说明已经成功安装 Vue3.X。

Vue3.X 的目录结构和 Vue2.X 的目录结构大体一致，但 main.js 文件发生改变。

Vue3.X 中的 main.js 代码如下。

```
import { createApp } from 'vue'
import App from './App.vue'
import router from './router'
import store from './store'


createApp(App).use(store).use(router).mount('#app')
```

图 12-3　Vue3.X 项目首页

Vue2.X 中的 main.js 代码如下。

```
import Vue from 'vue'
import App from './App'
import router from './router'

/* eslint-disable no-new */
new Vue({
  el: '#app',
  router,
  components: { App },
  template: '<App/>'
})
```

12.2　什么是 Composition API

视频讲解

Composition API 又叫作组合式 API，理解组合式 API 需要先回顾 Vue2.X 是如何做功能开发的。在 Vue2 中，功能开发需要分散到 data 属性、methods 属性及 computed 属性中，代码如下。

```
<script>
export default {
    data(){
        return{
            //定义 data 接收数据
            data:[]
        }
    },
    methods:{
        //发送 ajax 获取服务器端数据
        //接收到的数据赋值给 data 属性
        getdata(){

        }
    },
    computed(){

    }
}
</script>
```

每一个功能模块的开发至少需要分散到 data 属性和 methods 属性，这种形式叫作 Options API。随着项目的扩大，功能模块会分散到各个属性中，导致代码的可阅读性和可维护性极差，并且很难进行代码复用。

Composition API 主要用来解决上述问题，可以把每个功能都写在一起，或者单独写在函数中，不会出现功能分散的问题，这样就提高了代码的可阅读性和可维护性，因为功能模块可以写在函数中，从而提高了代码的复用性。

12.2.1　setup 函数的特点

在 Vue3 项目中，setup()函数是 Composition API 的入口函数，也是 Vue3 中新增的函数，setup()函数的主要特点有以下 3 个。

（1）setup 函数类似于生命周期，它在 beforeCreate 生命周期之前自动调用。

（2）setup 函数中没有 this。

（3）setup 函数中的数据或者方法都需要 return 出去。

案例：定义数字变量，单击按钮数字加 1。

错误代码的演示如下。

```
<template>
    <div>
        <h1>{{num}}</h1>
        <button @click="addOne">加 1</button>
```

```
    </div>
  </template>
  <script>
  export default {
    setup(){
        //1. 定义数字变量
        var num =10
        //2. 定义方法
        function addOne(){
            num++
            console.log(num)
        }
        //3. 将数据和方法 return 出去，只有 return 出去，其在模板中才能使用
        return{
            num,addOne
        }
    }
  }
  </script>
```

代码解析如下。

运行代码，单击自增按钮，发现控制台中的 num 发生变化，但是页面中的 num 没有改变。

结论：使用 var 或者 let 定义的数据都不具有响应式功能，或者说不具有双向数据绑定功能。

12.2.2　定义响应式数据

视频讲解

响应式数据的定义方法有两种：一种是定义基本数据类型，如数字类型、字符串类型等；另一种是定义复合数据类型，如数组、对象。

12.2.1 节案例的正确代码如下。

```
<template>
  <div>
    <h1>{{num}}</h1>
    <button @click="addOne">加 1</button>
  </div>
</template>
<script>
import { ref } from "vue";
export default {
  setup() {
    //1. 定义响应式数字
    var num = ref(10);
```

```
    //2. 定义方法
    function addOne() {
      console.log(num);//打印出一个对象
      num.value++
    }

    return {
      num,
      addOne
    };
  }
};
</script>
```

代码解析如下。

使用 ref 函数将普通数据变成响应式数据。

ref 函数的使用步骤如下。

（1）引入 ref 函数。

```
import { ref } from "vue";
```

（2）ref 函数的返回值是对象，即控制台打印的 num 是对象。

```
{
__v_isRef: true
_rawValue: 11
_shallow: false
_value: 11
}
```

（3）M 层最终需要的值在 value 属性下，所以使用.value 获取具体值。

（4）视图层不需要.value 获取值，在视图层会自动找到 value 值，视图层直接使用插值表达式{{num}}即可。

视频讲解

12.3　reactive 函数

作用：把对象和数组这类复合数据类型数据变成响应式数据。

案例：渲染学生列表并实现新增学生功能。

在 Vue2 的内容中讲过渲染学生列表案例，本节使用 Vue3 实现新增学生功能，代码如下。

```
<template>
  <div>
    <ul>
```

```
    //2. 渲染学生列表
    <li v-for="(item,i) in stuList" :key="i">
    {{item.id}}--{{item.name}}
    </li>
  </ul>
  <input type="text" v-model="nameMsg" />
  <button @click="addStu">新增</button>
  </div>
</template>
<script>
import { ref, reactive } from "vue";
export default {
  setup() {
    //1. 使用 reactive 定义响应式学生列表
    var stuList = reactive([
      { id: 1, name: "小明" },
      { id: 2, name: "小红" },
      { id: 3, name: "小强" }
    ]);

    //使用 ref 定义响应式数据（v-model 双向绑定数据）
    var nameMsg = ref("");

    var addStu = () => {
      stuList.push({ id: stuList.length + 1, name: nameMsg.value });
      nameMsg.value = "";
    };

    return {
      stuList,
      nameMsg,
      addStu
    };
  }
};
</script>
```

代码解析如下。

（1）Vue3 程序运行速度快，有一部分原因是其功能都是按需导入的，例如想使用哪个函数就对该函数进行按需导入，本案例用到了 ref 函数和 reactive 函数。

（2）reactive 函数的作用是把数组和对象变成响应式数据。

```
import { ref, reactive } from "vue";
```

12.4　封装功能模块，增加代码复用

本节对新增学生功能进行封装，代码如下。

composition.vue 组件代码如下。

```html
<template>
  <div>
    <ul>
      <li v-for="(item,i) in stuList" :key="i">{{item.id}}--{{item.name}}</li>
    </ul>
    <input type="text" v-model="nameMsg" />
    <button @click="addStu">新增</button>
  </div>
</template>
<script>
//1. 把数据封装到 stuList.js
import stuListFn from "../assets/composition/stuList";
//2. 把方法封装到 stuAdd.js
import stuAddFn from "../assets/composition/stuAdd";
export default {
  setup() {
    //默认数据
    var stuList = stuListFn();
    //新增数据
    var { nameMsg, addStu } = stuAddFn(stuList);
    return {
      stuList,
      nameMsg,
      addStu
    };
  }
};
</script>
```

stuLis.js 代码如下。

```js
import{reactive} from 'vue'
function stuListFn() {
    //1. 使用 reactive 定义响应式学生列表
    var stuList = reactive([
        { id: 1, name: "小明" },
        { id: 2, name: "小红" },
```

```
        { id: 3, name: "小强" }
    ]);
    return stuList
}

export default stuListFn
```

stuAdd.js 代码如下。

```
import {ref} from 'vue'
function stuAddFn(stuList) {
    var nameMsg = ref("");

    var addStu = () => {
        stuList.push({ id: stuList.length + 1, name: nameMsg.value });
        nameMsg.value = "";
    };
    return{
        nameMsg,addStu
    }
}
export default stuAddFn
```

代码解析如下。

（1）使用 composition API 可以把每个功能都组合起来，通俗地讲就是使每个功能模块的代码都是紧靠着的，不会出现数据和业务逻辑分散的情况。

（2）在 stuList.js 中使用了 reactive 函数，要注意先引用 reactive。

（3）在 stuAdd.js 中使用了 ref 函数，要注意先引用 ref。

12.5　Vue3 生命周期

视 频 讲 解

Vue3 中取消了 beforeCreate 和 created 这两个生命周期函数，其他生命周期函数的名字也发生了改变，详细说明如表 12-1 所示。

表 12-1　Vue2.X 生命周期函数与 Vue3.X 生命周期函数的对比

Vue2.X 生命周期函数	Vue3.X 生命周期函数
beforeMount	onBeforeMount
mounted	onMounted
beforeUpdate	onBeforeUpdate
updated	onUpdated
beforeDestroy	onBeforeUnmount
destroyed	onUnmounted

　　生命周期函数使用方法：在 Vue3 和 Vue2 中使用生命周期函数的方式是不同的，在 Vue2 中所有的生命周期函数都可以直接使用，但在 Vue3 中要遵循两个规则。

　　（1）使用一个生命周期函数前需先进行引用。

　　（2）生命周期函数是在 setup 中使用的。

　　案例：单击按钮实现数字新增，触发 onUpdated 生命周期函数，代码如下。

```
<template>
  <div>
    <h2>触发 onUpdated 生命周期函数</h2>
    <p>{{ num }}</p>
    <button @click="addOne">+1</button>
  </div>
</template>

<script>
//1. 引用 onUpdated
import { onUpdated, ref } from "vue";

export default {
  setup() {
    var num = ref(0);
    function addOne() {
      num.value++;
    }

    //2. onUpdated 在 setup 中使用
    onUpdated(() => {
      console.log("触发 onUpdated 生命周期函数");
    });

    return { num, addOne };
  }
};
</script>
```

12.6　computed 的使用

视频讲解

视频讲解

　　computed()函数用来创建计算属性，计算属性分为只读计算属性和可读写的计算属性，返回值是 ref 实例。

　　创建只读计算属性，代码如下。

```
<template>
  <div>
    普通属性:{{num}}
    <br />
    计算属性: {{numAdd}}
    <br />
    <button @click="addOne">修改普通属性</button>
    <button @click="fn">修改计算属性</button>
  </div>
</template>
<script>
//1. 引用 computed
import { ref, computed } from "vue";
export default {
  setup() {
    //2. 计算属性一般依赖于普通属性，先声明普通属性
    var num = ref(10);
    //3. 使用 computed() 函数创建计算属性
    var numAdd = computed(() => {
      return num.value + 1;
    });
    //4. 单击按钮修改普通属性值
    //结论：可以修改
    var addOne = () => {
      num.value++;
    };
    //5. 单击按钮修改计算属性值
    //结论：不生效
    var fn = () => {
      console.log(numAdd.value)
      numAdd.value+1
    };
    return {
      num,
      numAdd,
      addOne,
      fn
    };
  }
};
</script>
```

创建可读写的计算属性，代码如下。

```
<template>
  <div>
    普通属性:{{num}}
    <br />
    计算属性: {{numAdd}}
    <br />
    <button @click="addOne">修改普通属性</button>
    <button @click="fn">修改计算属性</button>
  </div>
</template>

<script>
//1. 引用 computed
import { ref, computed } from "vue";

export default {
  setup() {
    //2. 计算属性一般依赖于普通属性，先声明普通属性
    var num = ref(10);

    //3. 使用 computed() 函数创建可读写的计算属性
    var numAdd = computed({
      //取值
      get: () => {
        return num.value + 1;
      },
      //赋值
      set: val => {
        num.value = val;
      }
    });

    //4. 单击按钮修改普通属性值
    //结论：可以修改
    var addOne = () => {
      num.value++;
    };
    //5. 单击按钮修改计算属性值
    //结论：可以修改
    var fn = () => {
      numAdd.value = 100;
    };
```

```
    return {
      num,
      numAdd,
      addOne,
      fn
    };
  }
};
</script>
```

12.7　watch 监听的使用

视 频 讲 解

watch()函数的作用是监听数据变化，可以监听单个数据或多个数据。

监听单个数据，代码如下。

```
<template>
  <div>
    <h1>{{num}}</h1>
    <button @click="num++">+1</button>
  </div>
</template>

<script>
//1. 引用 watch 函数
import { watch, ref } from "vue";
export default {
  setup() {
    var num = ref(10);
    //2. 使用 watch 函数监听 num 数据
    watch(num,(newValue,oldValue)=>{
      //newValue 是新数据
      //oldValue 是旧数据
      console.log(newVal,oldValue)
    })

    return {
      num
    };
  }
};
</script>
```

监听多个数据，代码如下。

```
<template>
  <div>
    <h1>{{num}}</h1>
    <h1>{{num1}}</h1>
    <button @click="addNum">+1</button>
  </div>
</template>

<script>
//1. 引用 watch 函数
import { watch, ref, reactive } from "vue";
export default {
  setup() {
    var num = ref(10);
    var num1 = ref(20);
    //2. 在 watch 函数中使用数组形式监听 num 和 num1 数据
    watch([num, num1], ([newNum, newNum1], [oldNum, oldNum1]) => {
      console.log(newNum, oldNum);
      console.log(newNum1, oldNum1);
    });

    var addNum = () => {
      num.value++;
      num1.value++;
    };

    return {
      num,
      num1,
      addNum
    };
  }
};
</script>
```

12.8 依 赖 注 入

视频讲解

依赖注入就是父组件向后代组件传递数据，可以向子组件传递数据，也可以向孙子组件传递数据。

在父组件中使用 provide()函数，向后代传递数据。

在后代组件中使用 inject()函数，获取传递过来的数据。

接下来创建父子组件。

App.vue 作为父组件，新建 ComSon 组件作为子组件，在父组件引用子组件。

App.vue 代码如下。

```
<template>
  <div id="nav">
   <h1>父组件</h1>
   //3. 使用子组件
   <ComSon></ComSon>
  </div>
  <router-view/>
</template>

<script>
//1. 引用子组件
import ComSon from './components/ComSon.vue'

export default {
  //2. 注册子组件
  components:{
    ComSon
  }
}
</script>
```

父组件使用 provide()方法向子组件传递数据，代码如下。

```
<script>

import ComSon from './components/ComSon.vue'
//1. 引用 provide
import { provide } from 'vue'

export default {
  components:{
    ComSon
  },

  setup(){
    //2. 在 setup 中使用 provide 向后代传递数据
    provide('msg','hello Vue3')
```

```
    }
  }
</script>
```

子组件 ComSon.vue 接收父组件传递的数据，代码如下。

```
<template>
  <div>
    <h1>子组件</h1>
    <h1>接收父组件数据：{{msg}}</h1>
  </div>
</template>
<script>
//1. 引入 inject
import { inject } from "vue";
export default {
  setup() {
    //2. 在 setup 函数中使用 inject 接收父组件传递的数据
    var msg = inject("msg");
    return {
      msg
    };
  }
};
</script>
```

代码解析如下。

通过 provide()函数向后代传递数据，可以把数据传递给子组件，只要是后代组件，都可以接收数据。

 注意：

此时传递的数据不具有响应式，因为 msg 是普通字符串，但可以使用 ref 函数将其变成响应式数据，代码如下。

```
<template>
  <div id="nav">
    <h1>父组件</h1>
    //2. 使用 v-model 做双向数据绑定
    <input type="text" v-model="newmsg" />
    <ComSon></ComSon>
  </div>
  <router-view />
</template>
```

```
<script>
import ComSon from "./components/ComSon.vue";

import { provide, ref } from "vue";

export default {
  components: {
    ComSon
  },

  setup() {
    provide("msg", "hello Vue3");
    //1. 使用 ref 定义响应式数据
    var newmsg = ref(1);
    //3. 通过 provide 把响应式数据传递给子组件
    provide("newmsg", newmsg);

    return {
      newmsg
    };
  }
};
</script>
```

ComSon.vue 子组件接收父组件传递的数据，代码如下。

```
<template>
  <div>
    <h1>子组件</h1>
    <h1>接收父组件数据：{{msg}}</h1>
    <h1>接收父组件响应式数据：{{newmsg}}</h1>
  </div>
</template>
<script>
import { inject } from "vue";
export default {
  setup() {
    var msg = inject("msg");
    //接收父组件传递的响应式数据，并挂载到子组件中
    var newmsg = inject("newmsg");
    return {
      msg,
      newmsg
    };
```

```
  }
};
</script>
```

此时修改父组件中 input 文本框中的值，子组件会随之修改。

12.9　Refs 模板

视 频 讲 解

Refs 模板用来获取页面 DOM 元素或者组件，类似于 Vue2.X 中的$refs。
Refs 模板的使用方法如下。
（1）在 setup()中创建 ref 对象，其值为 null。
（2）为元素添加 ref 属性，其值为步骤（1）中创建的 ref 对象名。
（3）完成页面渲染之后，获取 DOM 元素或者组件。
创建新组件 ComRefDom.vue，代码如下。

```
<template>
  <div>
    //2. 为元素添加 ref 属性，其值为 ref 返回的对象
    <h1 ref="msg">Hello Vue3</h1>
  </div>
</template>

<script>
import { ref, onMounted } from 'vue';
export default {
  setup() {
    //1. 使用 ref 函数定义响应式数据，传入 null
    var msg = ref(null);

    //3. 完成页面渲染之后使用 DOM 元素
    onMounted(()=>{
      console.log(msg.value)
      msg.value.style.color='red'
    })

    return{
      msg
    }

  }
};
</script>
```

代码解析如下。

上述代码中，msg.value 获取到的就是 h1 标签。

使用 Refs 模板获取组件：创建 ComRef 组件，代码如下。

```
<template>
  <div>
    <h1>{{msg}}</h1>
  </div>
</template>
<script>
import { ref } from "vue";

export default {
  setup() {
    var msg = ref("Hello Refs");

    var btn = () => {
      console.log(msg.value);
    };

    return {
      msg,btn
    };
  }
};
</script>
```

新建父组件，在组件中引用 ComRef 子组件。

```
<template>
  <div>
    //2. 为组件添加 ref 属性，其值为 ref 返回的对象
    <ComRef ref="Commsg"></ComRef>
  </div>
</template>

<script>
import { ref, onMounted } from 'vue';
import ComRef from '../components/ComRef'
export default {
  setup() {
    //1. 使用 ref 函数定义响应式数据，传入 null
    var Commsg = ref(null);
    //3. 完成页面渲染之后，使用组件中的属性或者方法
```

```
  onMounted(()=>{
    //调用子组件中的数据
    console.log(Commsg.value.msg)
    //调用子组件中的方法
    Commsg.value.btn()
  })
  return{
    Commsg
  }

},
  components:{
    ComRef
  }
};
</script>
```

代码解析如下。

此时通过 ref，可以在父组件中直接调用子组件中的数据和方法。

12.10　readonly()函数的使用

readonly()函数的作用是接收一个对象，其可以是普通对象，也可以是响应式对象，然后返回接收对象的只读代理对象。通俗地讲，即如果想要一个对象是只读的，就使用 readonly()函数。

新建 readonly.vue 文件，步骤如下。

（1）使用 reactive()函数创建响应式对象。

（2）使用 readonly()函数把响应式对象变成只读对象。

（3）尝试修改 readonly()函数返回的代理对象，代码如下。

```
<template>
    <div>
        <h1>readonly</h1>
    </div>
</template>
<script>
import { reactive, readonly } from 'vue'
export default {
    setup(){
        //1. 使用 reactive()函数创建响应式代理对象
        var obj=reactive({num:10})
```

```
        //2. 使用 readonly() 函数把创建的响应式代理对象变成只读对象
        var newobj=readonly(obj)
        //3. 取值
        console.log(obj.num)
        console.log(newobj.num)
        //4. 修改 newobj.num 的值
        newobj.num++
        console.log(obj.num)
        console.log(newobj.num)
    }
}
</script>
```

结论：readonly()函数返回的代理对象只能取值，如果要修改它，控制台会报警告（Set operation on key "num" failed: target is readonly）且不会生效。

12.11　watchEffect()函数的使用

视 频 讲 解

watchEffect()函数的作用是接收函数作为参数，并立即执行该函数，当该函数依赖的数据发生变化时，重新运行该函数。

（1）使用 ref 创建响应式数据。

（2）使用 watchEffect()函数监听响应式数据。

（3）单击按钮修改响应式数据值，代码如下。

```
<template>
  <div>
    <h1>watchEffect 的使用</h1>
    <button @click="btnFn">修改 num 值</button>
  </div>
</template>
</script>
import { ref, watchEffect } from "vue";
export default {
  setup() {
    var num = ref(10);
    //1. 在 watchEffect() 函数中传入函数
    //2. 会立即执行函数
    watchEffect(() => {
      console.log(num.value);
    });
    //3. 当函数中的依赖数据发生改变时，会重新执行 watchEffect 传入的函数
```

```
        var btnFn = () => {
          num.value = 20;
        };

        return{
            num,btnFn
        }
      }
    };
</script>
```

运行结果：运行程序，首先执行一次 console.log(num.value)，单击按钮修改 num 值后，再次执行 console.log(num.value)。

视频讲解

视频讲解

视频讲解

视频讲解

12.12　响应式系统工具集的使用

Vue3 提供了一组响应式工具，其中经常使用的有 unref()、toRef()、isRef()、isProxy()、isReactive()和 isReadonly()。

12.12.1　unref()

作用：如果 unref()函数的参数是 ref 数据，则返回 value 值，如果不是 ref 数据，则返回参数本身。

（1）定义 ref 变量并赋值。
（2）直接打印 ref 变量，输出的是对象。
（3）使用 unref()函数直接获取对象的 value 值。

```
<script>
import { ref, unref } from "vue";
export default {
  setup() {
    //1. 定义 ref 变量
    var num = ref(10);
    //2. 如果直接打印 num，打印出来的是对象
    console.log(num);
    //3. 使用 unref 打印出来的是 num 对象的 value 值
    console.log(unref(num));
  }
};
</script>
```

12.12.2　toRef()

作用：把 reactive 对象中的一个属性创建成 ref 数据。

（1）创建 reactive 代理对象。

（2）使用 toRef()函数把 reactive 中的某一个属性转成 ref 数据。

（3）打印 ref 数据。

```
<script>
import {reactive, toRef } from "vue";
export default {
  setup() {
    var data = reactive({ num: 10 });
    //toRef 有两个参数，第一个参数 reactive 创建对象名
    //第二个参数是 reactive 对象中的某一个参数
    //numRef 具有响应式和可传递性

    var numRef = toRef(data, "num");
    console.log(numRef.value)
  }
};
</script>
```

12.12.3　isRef()

作用：检查一个值是否为 ref 对象，代码如下。

```
<script>
import { ref,isRef } from "vue";
export default {
  setup() {
    var num = ref(10);
    //判断 num 是否为 ref 对象
    console.log(isRef(num)) //true
    console.log(isRef(100)) //false
  }
};
</script>
```

12.12.4　isProxy()

作用：检查对象是否为代理对象。当前学习的代理对象有两种，一种是由 reactive()函数创建的，另一种是由 readonly()函数创建的。

```
<script>
import {reactive, isReactive, readonly, isReadonly, isProxy } from "vue";
export default {
  setup() {
    var data = reactive({ num: 10 });
    var newdata=readonly(data)
    //判断是否为代理对象
    console.log(isProxy(data))        //true
    console.log(isProxy(newdata))     //true
  }
};
</script>
```

12.12.5　isReactive()

作用：检查对象是否为 reactive 代理对象，代码如下。

```
<script>
import {reactive, isReactive } from "vue";
export default {
  setup() {
    var data = reactive({ num: 10 });
    //判断 data 是否为 reactive 创建的代理对象
    console.log(isReactive(data));     //true
    console.log(isReactive(100));     //false
  }
};
</script>
```

12.12.6　isReadonly()

作用：检查对象是否是 isReadonly 代理对象，代码如下。

```
<script>
import {reactive, isReactive, readonly, isReadonly } from "vue";
export default {
  setup() {
    var data = reactive({ num: 10 });
    var newdata=readonly(data)
    //判断 newdata 是否为 readonly 创建的只读代理对象
    console.log(isReadonly(newdata))    //true
    console.log(isReadonly(data))       //false
  }
};
</script>
```

第 **13** 章

uni-app 核心基础

🌐 章节简介

通过 uni-app 可以实现前端项目的跨平台开发，只需编写一套前端代码，就可以发布到各大前端平台，本章讲解 uni-app 核心组件的使用、uni-app 生命周期、运行机制等内容。

13.1　uni-app 概述

本节需要弄明白 3 个问题。

（1）什么是 uni-app。

（2）为什么要学习 uni-app。

（3）怎样学习 uni-app。

1.　什么是 uni-app

官网介绍 uni-app 是一个使用 Vue.js 开发所有前端应用的框架，开发者编写一套代码，可发布到 iOS、Android、Web（响应式）、各种小程序以及快应用等多个平台。通俗地讲，uni-app 是一个前端框架，开发者编写一套代码即可发布到各大主流平台，从而实现了程序跨平台使用。

2.　为什么要学习 uni-app

uni-app 降低了开发者的学习成本，只要掌握了 uni-app，就可以编写各种小程序、安卓 App

以及苹果 App 等。最主要的原因是我们已经学习了 Vue.js，有了 Vue.js 作为基础，可以快速掌握 uni-app。

3．怎样学习 uni-app

首先需要大家掌握 Vue.js，因为 uni-app 是使用 Vue.js 开发的前端框架。本书分为两个章节讲解 uni-app，第 13 章讲解 uni-app 的基础知识，如目录结构、页面结构、常用组件、生命周期等，第 14 章为企业项目实战，通过项目掌握 uni-app 的实际使用。

视频讲解

13.1.1　创建 uni-app 项目

1．选择软件

uni-app 项目需要使用 HBuilderX 开发，HBuilderX 的下载地址为 https://www.dcloud.io/hbuilderx.html，选择 App 的开发版本，如图 13-1 所示。

图 13-1　下载 HBuilderX

2．创建 uni-app 项目

双击打开 HBuilderX 开发软件，选择"文件"→"新建"→"项目"命令，如图 13-2 所示。

图 13-2　创建 uni-app 项目

新建项目时选择 uni-app 项目类型，然后选择项目站点，单击"创建"按钮即可，如图 13-3 所示。

图 13-3　选择 uni-app 项目

HBuilderX 会自动生成项目目录，如图 13-4 所示。

图 13-4　uni-app 项目目录

选择"运行"→"运行到浏览器（选择计算机已安装的浏览器）"命令，如图 13-5 所示。

图 13-5　运行 uni-app 项目

在浏览器中看到如图 13-6 所示的状态即表示项目创建成功。

图 13-6　uni-app 项目首页

13.1.2　uni-app 目录结构

本节介绍 uni-app 目录结构，根据 uni-app 自动生成的目录结构，从上往下依次讲解。

- pages 文件夹：存放项目页面。
- static 文件夹：存放静态资源，例如图片。
- App.vue：入口组件。
- main.js：入口 JS 文件。
- manifest.json：配置文件，可以配置 App 图标、启动页面等，一般在发布时使用。
- pages.json：页面管理（重要）。pages.json 有两个重要功能，其一为管理项目页面，其二为设置页面样式。

13.1.3　uni-app 运行机制

本节讲解 uni-app 运行机制。

运行 uni-app 程序后，首先访问的页面就是 pages.json 文件，所有页面都在 pages 属性中，pages 是一个对象数组，每一个对象表示一个页面，第一个对象就是运行后要显示的页面，默认显示的页面是 pages/index/index。

1．uni-app 页面结构

打开 pages/index/index 页面，发现 uni-app 的页面结构和 Vue.js 的页面结构一样，都是.vue 页面，由 template、script、style 3 个部分组成，代码如下。

```
<template>
    <view class="content">
        <image class="logo" src="/static/logo.png"></image>
        <view class="text-area">
            <text class="title">{{title}}</text>
```

```
            </view>
        </view>
</template>

<script>
    export default {
        data() {
            return {
                title: 'Hello'
            }
        },
        onLoad() {

        },
        methods: {

        }
    }
</script>

<style>
    .content {
        display: flex;
        flex-direction: column;
        align-items: center;
        justify-content: center;
    }

    .logo {
        height: 200rpx;
        width: 200rpx;
        margin-top: 200rpx;
        margin-left: auto;
        margin-right: auto;
        margin-bottom: 50rpx;
    }

    .text-area {
        display: flex;
        justify-content: center;
    }

    .title {
```

```
        font-size: 36rpx;
        color: #8f8f94;
    }
</style>
```

与 Vue.js 不同的是，HTML 的一些标签不能用了，如列表 ul li 标签、img 标签、div 标签等。uni-app 有自己的组件，在 13.2 节将详细讲解。

2. 配置样式

返回 pages.json 文件，globalStyle 用于配置全局样式，代码如下。

```
"globalStyle": {
    "navigationBarTextStyle": "black",          //设置页面导航标题的颜色
    "navigationBarTitleText": "uni-app",        //设置导航标题
    "navigationBarBackgroundColor": "#F8F8F8",  //设置导航背景
    "backgroundColor": "#F8F8F8"                //设置页面背景
}
```

注意：

navigationBarTextStyle 的作用是设置导航标题颜色，只能设置为黑色（black）或者白色（white）。

以上为默认配置样式，随着知识点的增加，globalStyle 中的属性会越来越多。

globalStyle 中的属性为全局配置，所有页面都会继承，但是在实际开发中，每个页面都有自己的导航标题，下面讲解单页面配置。

单页面配置是指单独设置页面的标题、背景等，要在每个页面的 style 属性下设置，代码如下。

```
{
    "pages": [
//pages 数组中的第一项表示应用启动页，可参考 https://uniapp.dcloud.io/collocation/
pages
        {
            "path": "pages/index/index",
            "style": {
                "navigationBarTextStyle": "white",        //设置页面导航标题的颜色
                "navigationBarTitleText": "uni-app",      //设置导航标题
                "navigationBarBackgroundColor": "#000",   //设置导航背景
                "backgroundColor": "#F8F8F8"              //设置页面背景

            }
        }
    ],
```

```
"globalStyle": {
    "navigationBarTextStyle": "black",            //设置页面导航标题的颜色
    "navigationBarTitleText": "uni-app",          //设置导航标题
    "navigationBarBackgroundColor": "#F8F8F8",    //设置导航背景
    "backgroundColor": "#F8F8F8"                  //设置页面背景
}
}
```

注意:

如果单页面和全局设置了同样的属性，最终以单页面设置的属性样式为准，例如上述代码，单页面中设置导航的背景为黑色，字体为白色。全局样式设置的导航背景为灰白色，字体为黑色。运行程序，生效的是单页面样式，如图 13-7 所示。

图 13-7　导航样式显示

13.2　常用组件

视 频 讲 解

uni-app 去掉了 div 标签、ul 标签、span 标签等，准确地说是被替换了，uni-app 有自己的一套标签，又称作组件，本节讲解常用组件的使用。

13.2.1　view 组件

view 是视图容器，类似于 HTML 中的 div 标签，和 div 相比，view 有其独特的属性，例如设置按下去的样式属性、阻止冒泡的属性等。

hover-class 属性：设置按下去的样式。

视图层代码如下。

```
<template>
    <view class="content">
        <view class="main" hover-class="mianActive">
            hello
        </view>
    </view>
</template>
```

CSS 代码如下。

```
<style>
    .main{
        width: 100px;
        height: 100px;
        background: blue;
        color: #fff;
    }
    .mianActive {
        background: red;
        color: #333;
    }
</style>
```

运行效果：按下 main 盒子背景颜色变成红色。Hover-class 是常用属性，针对其他属性的讲解可观看视频。

13.2.2 text 组件

text 组件类似于 HTML 中的 span 标签，其重要属性有 selectable、space。

selectable 属性：表示文本是否可选，默认值是 false，在手机中长按文本是不能选中的，加上 selectable 属性后可选中文本。

```
<view class="content">
    <text selectable>hello</text>
</view>
```

space 属性：表示可以使用连续空格，有 3 个值，代码如下。

```
<template>
    <view class="content">
        <view class="">
            <text selectable space="emsp">hel lo</text>
        </view>
        <view class="">
            <text selectable space="emsp">hel lo</text>
```

```
        </view>
        <view class="">
            <text selectable space="nbsp">hello</text>
        </view>
    </view>
</template>
```

运行结果如图 13-8 所示。

图 13-8　space 空格显示

可以根据需求选择 space 的值。

13.2.3　image 组件

image 组件是比较重要的组件之一，可代替 img 标签，其作用是展示图片，代码如下。

```
<template>
    <view class="content">
        <image src="../../static/logo.png" mode="widthFix"></image>
    </view>
</template>
```

注意：

如果使用 image 组件，则需要添加 mode="widthFix"属性，因为 image 组件有 320px×240px 的默认样式，使用前要先清除默认样式。

有了 HTML 作基础，掌握上述 3 个组件，即可正常布局页面。

13.3　常　用　特　效

在前端页面开发中，特效是必不可少的，特效不仅可以增加页面的炫酷效果，还能增加页面的交互性，uni-app 提供了多种特效插件，本节通过 tabBar 导航和 swiper 轮播图给大家演示特效的使用。

视频讲解

13.3.1　tabBar 导航使用

tabBar 一般用于底部导航，基本上在每个手机端都会用到，需在 pages.json 中进行设置，代码如下。

```
"tabBar":{
        "borderStyle":"white",                           //设置上边框颜色(black 或 white)
        "backgroundColor":"#dbdbdb",                     //设置背景颜色
        "selectedColor":"#02b6ff",                       //设置选中的文字颜色
        "color":"#666",                                  //默认文字颜色
        "list":[
                //每一个对象表示一个导航
            {
                "text":"首页",                            //导航名
                "pagePath":"pages/index/index",          //导航链接
                "iconPath":"static/tabbar1.png",         //导航默认图标
                "selectedIconPath":"static/tabbar1-1.png" //选中导航之后的图标
            },
            {
                "text":"登录",
                "pagePath":"pages/login/login",
                "iconPath":"static/tabbar4.png",
                "selectedIconPath":"static/tabbar4-1.png"
            }
        ]
    }
```

运行结果如图 13-9 所示。

图 13-9　tabBar 导航显示

13.3.2　swiper 轮播图使用

swiper 轮播图也是经常使用的一个功能，uni-app 提供了非常方便的轮播图组件，代码如下。

```
<template>
    <view class="content">
```

```
        <swiper :indicator-dots="true" :autoplay="true" :interval="3000"
:duration="1000">
            <swiper-item>
                <view class="swiper-item">
                    <image src="../../static/logo.png" mode="widthFix" class=
"bannerImg"></image>
                </view>
            </swiper-item>
            <swiper-item>
                <view class="swiper-item">
                    <image src="../../static/logo.png" mode="widthFix" class=
"bannerImg"></image>
                </view>
            </swiper-item>
        </swiper>
    </view>
</template>
```

代码解析如下。

（1）indicator-dots 属性：是否显示指示点。

（2）indicator-color 属性：设置指示点颜色。

（3）indicator-active-color：当前选中的指示点颜色。

（4）autoplay 属性：轮播图是否自动切换。

（5）interval 属性：轮播图自动切换的时间间隔。

（6）duration 属性：滑动动画时间。

13.4　uni-app 属性绑定和事件绑定

视 频 讲 解

前面操作的都是静态数据，本节开始模拟后端数据，uni-app 渲染后端数据的方式和 Vue 渲染后端数据的方式一模一样，代码如下。

M 层代码如下。

```
<script>
    export default {
        data() {
            return {
                title: 'Hello'
            }
        },
        onLoad() {
```

```
        },
        methods: {

        }
    }
</script>
```

视图层代码如下。

```
<template>
    <view class="content">
        {{title}}
    </view>
</template>
```

代码解析如下。

视图层 uni-app 和 Vue 一样，使用插值表达式渲染 data 中的数据。

13.4.1　属性绑定

元素数据的绑定不能直接使用插值表达式，例如绑定元素的 title 属性、图片的 src 属性等，要使用 v-bind 进行属性绑定，代码如下。

M 层代码如下。

```
<script>
    export default {
        data() {
            return {
                imgPath:'../../static/logo.png'
            }
        },
        onLoad() {

        },
        methods: {

        }
    }
</script>
```

视图层代码如下。

```
<view class="content">
        <image :src="imgPath" mode="widthFix"></image>
</view>
```

代码解析如下。

（1）元素中添加属性需要使用 v-bind 绑定，简写成 "："。

（2）使用图片要添加 mode="widthFix"。

13.4.2　事件绑定

事件绑定 uni-app 和 Vue 也是一模一样的，可以把事件绑定在 button 按钮、view 组件、image 组件等，例如实现单击图片时控制台输出 title 内容。

视图层代码如下。

```
<view class="content">
        <image :src="imgPath" mode="widthFix" @click="getData"></image>
    </view>
```

M 层代码如下。

```
<script>
    export default {
        data() {
            return {
                title:'hello',
                imgPath:'../../static/logo.png'
            }
        },
        onLoad() {

        },
        methods: {
            getData(){
                console.log(this.title)
            }

        }
    }
</script>
```

代码解析如下。

在 methods 中定义方法，如果要调用 data 中的数据，需要使用 this 获取。

13.5　v-for 渲染数据

视 频 讲 解

v-for 用来循环遍历数据，也是 Vue 的知识点，可直接使用 v-for 遍历复杂数组，代码如下。

M 层代码如下。

```
data() {
    return {
        title: 'hello',
        imgPath: '../../static/logo.png',
        list: [{
                id: 1,
                name: '小明1',
                age: 20
            },
            {
                id: 2,
                name: '小明2',
                age: 21
            },
            {
                id: 3,
                name: '小明3',
                age: 22
            }
        ]
    }
}
```

视图层代码如下。

```
<template>
    <view class="content">
        <view class="" v-for="(item,i) in list" :key="i">
            {{item.id}}---{{item.name}}---{{item.age}}
        </view>
    </view>
</template>
```

代码解析如下。

使用方法和在 Vue 中一样，注意需要绑定 key 属性。

13.6　uni-app 生命周期

视 频 讲 解

uni-app 生命周期分为应用生命周期和页面生命周期，后期用得比较多的是页面生命周期。

13.6.1　应用生命周期

应用生命周期只能在 App.vue 中监听,在其他页面无效。打开 App.vue,默认有 3 个生命周期函数,代码如下。

```
<script>
    export default {
        //应用生命周期
        //项目初始化完成执行
        //只运行一次
        onLaunch: function() {
            console.log('项目初始化完成')
        },
        //打开项目时执行
        onShow: function() {
            console.log('打开项目')
        },
        //关闭项目时执行
        onHide: function() {
            console.log('关闭项目')
        }
    }
</script>
```

运行程序,打开控制台,会发现 onLaunch 只运行一次,onShow 和 onHide 只要切换前后台就可以触发,可观看视频中的演示效果。

13.6.2　页面生命周期

uni-app 提供了大量的页面生命周期函数,不过项目中经常用到的也不过是其中的某几个,本节先看一个比较重要的,即页面生命周期函数 onLoad()。

onLoad 用于监听页面加载,其参数是上一个页面传递的参数。这个生命周期函数比较重要,它有两个作用。

(1)在 onLoad 中调用数据接口,获取服务器端数据。

(2)接收上一个页面传递的参数。

因为还没有讲解接口调用,此处无法做案例演示,等讲解接口调用之后,我们再演示 onLoad 案例。

13.6.3　下拉刷新生命周期函数

在 uni-app 页面生命周期函数中,上拉加载功能和下拉刷新功能也是非常实用的,先看下

视频讲解

拉刷新功能的使用。

onPullDownRefresh：监听用户下拉动作，用于下拉刷新。

案例：循环遍历数组，下拉刷新修改数组顺序，代码如下。

```
<template>
    <view class="content">
        //2. 渲染数组
        <view class="" v-for="(item,i) in newsList" :key="i">
            {{item}}
        </view>
    </view>
</template>
<script>
    export default {
        data() {
            return {
                //1. 定义数组
                newsList: ['新闻 1', '新闻 2', '新闻 3']
            }
        },
        onLoad() {

        },
        //3. 和 onLoad 平级，下拉刷新周期函数
        onPullDownRefresh() {
            console.log('下拉刷新')
            this.newsList = ['新闻 3', '新闻 2', '新闻 1']
            //注意：完成数据刷新后，需要停止刷新
            uni.stopPullDownRefresh()
        },
        methods: {}
    }
</script>
```

代码解析如下。

（1）onPullDownRefresh 和 onLoad 周期函数平级。

（2）必须在 pages.json 中找到当前页面，在 style 属性中开启下拉刷新功能，代码为 ""enablePullDownRefresh":true"。

（3）处理好数据刷新后，使用 uni.stopPullDownRefresh()方法关闭刷新功能。

通过事件触发下拉刷新方法，代码如下。

```
<template>
    <view class="content">
```

```
        //2. 渲染数组
        <view class="" v-for="(item,i) in newsList" :key="i">
            {{item}}
        </view>
        //3. 定义事件
        <button type="default" @click="btn">下拉刷新</button>
    </view>
</template>

<script>
    export default {
        data() {
            return {
                //1. 定义数组
                newsList: ['新闻 1', '新闻 2', '新闻 3']
            }
        },
        onLoad() {

        },

        onPullDownRefresh() {
            console.log('下拉刷新')
            this.newsList = ['新闻 3', '新闻 2', '新闻 1']
            uni.stopPullDownRefresh()
        },
        methods: {
            //4. 触发下拉刷新的方法
            btn() {
                uni.startPullDownRefresh()
            }
        }
    }
</script>
```

代码解析如下。

单击按钮触发下拉刷新的方法是 uni.startPullDownRefresh()。

13.6.4　上拉加载生命周期函数

上拉加载是指当页面滚动条到达底部时，触发 onReachBottom 生命周期函数，实现数据加载，案例代码如下。

```
<template>
    <view class="content">
        //2. 渲染数组
        <view class="main" v-for="(item,i) in newsList" :key="i">
            {{item}}
        </view>

    </view>
</template>

<script>
    export default {
        data() {
            return {
                //1. 定义数组，增加数据时页面产生滚动条
                newsList: ['新闻 1', '新闻 2', '新闻 3','新闻 1', '新闻 2', '新闻
3','新闻 1', '新闻 2', '新闻 3']
            }
        },
        onLoad() {

        },
        //3. 下拉加载生命周期
        onReachBottom() {
            console.log('页面触底')
            //每次到达底部都会加载这两条假数据
            this.newsList=[...this.newsList,...['新闻 4','新闻 5']]
        },
        methods: {
        }
    }
</script>
```

代码解析如下。

上拉加载的周期函数是 onReachBottom，当滚动条到达底部时触发。

13.7　uni-app 发送 HTTP 请求

视频讲解

uni-app 中调用接口用的是 uni.request 方法，在官网中可以选择"API"→"网络"→"发
起请求"→"uni.request"，找到 API 文档。

接口地址为 http://api.mm2018.com:8095/api/goods/home。

请求方式：get 请求。

代码如下。

```
<script>
    export default {
        data() {
            return {
                allList: [],
            }
        },
        onLoad() {
            //2. 在 onLoad 生命周期函数中调用方法
            this.getList()

        },
        methods: {
            //1. 声明方法，使用 uni.request 发送数据请求
            getList() {
                uni.request({
                    url: 'http://api.mm2018.com:8095/api/goods/home',
                    method: 'get',
                    success: res => {
                        //res 就是最终服务器返回的数据
                        console.log(res)
                    }
                })
            }

        }
    }
</script>
```

代码解析如下。

注意具体是在哪个周期函数中调用方法，Vue 是在 created 周期函数中调用方法，而 uni-app 是在 onLoad 周期函数中调用方法。

13.8　跨 端 兼 容

视 频 讲 解

本节讲解跨端兼容，因为各大平台都有自身的特点，有时我们需要针对不同的平台写不同的代码。

13.8.1 控制页面元素

需求描述：写两个 view 标签，一个在 H5 端显示，另一个在小程序端显示。跨端兼容就可以实现上述功能，打开官网，找到"介绍"→"条件编译"。

使用#ifdef 和#endif 进行条件编译，代码如下。

```
<template>
    <view class="content">
        <!--#ifdef H5-->
        <view>这里的文字在 H5 端显示</view>
        <!--#endif-->

        <!--#ifdef MP-WEIXIN-->
        <view>这里的文字在小程序端显示</view>
        <!--#endif-->
    </view>
</template>
```

运行发现浏览器只显示 H5 端的内容，小程序端的内容会被隐藏掉，如图 13-10 所示。

图 13-10 视图层条件编译

13.8.2 控制 CSS 样式

条件编译可以分别控制 CSS 样式，例如在 H5 端使用红色字，在小程序端使用黑色字，代码如下。

```
<style>
    /*#ifdef H5*/
    .newmain{color: red;}
    /*#endif*/

    /*#ifdef MP-WEIXIN*/
    .newmain{color: balck;}
    /*#endif*/
</style>
```

13.8.3　控制 JS

条件编译还可以控制 JS，例如单击同一个按钮，在 H5 端输出"hello h5"，而在小程序端输出"hello 小程序"，代码如下。

```
methods: {
    getData() {
        //#ifdef H5
        console.log('hello h5')
        //#endif
        //#ifdef MP-WEIXIN
        console.log('hello 小程序')
        //#endif
    },
}
```

总结：（1）可以通过条件编译分别控制 HTML、CSS 以及 JS。
（2）#ifdef 后面是平台名，在官网取值即可，当前已有 13 个平台。

13.9　页　面　跳　转

视 频 讲 解

页面跳转其实就是 HTML 的超链接，在 uni-app 中不能使用 a 标签进行页面跳转。uni-app 中有两种页面跳转的方法。
（1）使用 navigator 标签。
（2）在事件中使用链式编程跳转。

13.9.1　网址跳转

先看页面跳转的第一种形式，使用 navigator 标签，跳转的时候分 3 种模式。
（1）跳转到新页面后保留原页面，单击"返回"按钮，可以返回原页面。
（2）跳转到 tabBar 页面。
（3）关闭当前页面后再跳转到新页面，无"返回"按钮。
代码如下。

```
<template>
    <view class="content">
        <!--默认跳转有历史记录，可以返回当前页面-->
        <navigator url="../detail/detail">商品详情</navigator>
        <!--open-type="switchTab" 跳转到 tabBar 页面-->
        <navigator url="../login/login" open-type="switchTab">登录页面
```

```
</navigator>
        <!-- open-type="redirect" 清除历史记录，不能返回当前页面 -->
        <navigator url="../detail/detail" open-type="redirect">商品详情
</navigator>
    </view>
</template>
```

代码解析如下。

通过 open-type 设置跳转模式，默认可以返回当前页面。

open-type="switchTab"表示跳转到 tabBar 页面。

open-type="redirect"表示无历史记录跳转。

13.9.2　事件跳转

通过事件进行页面跳转，同样分为 3 种情况。

（1）有历史记录，可返回当前页面，使用 uni.navigateTo 方法，代码如下。

```
<view class="content">
        <button type="default" @click="g">单击</button>
    </view>
<script>
    export default {
        methods: {
            go() {
                uni.navigateTo({
                    //普通跳转，可以返回当前页面
                    url: '../detail/detail'
                })
            },
        }
    }
</script>
```

（2）跳转到 tabBar 页面，使用 uni.switchTab 方法，代码如下。

```
<script>
    export default {
        methods: {
            go() {
                uni.switchTab({
                    //跳转到 tabBar 页面
                    url: '../login/login'
                })
            },
```

```
        }
    }
</script>
```

（3）无历史记录，不能返回当前页面，使用 uni.redirectTo 方法，代码如下。

```
<script>
    export default {
        methods: {
            go() {
                uni.redirectTo({
                    //清除历史记录
                    url: '../detail/detail'
                })
            },
        }
    }
</script>
```

13.9.3　传递参数

页面跳转的同时传递参数，例如页面跳转传入 id 参数，代码如下。

```
<script>
    export default {
        methods: {
            go() {
                uni.navigateTo({
                    url: '../detail/detail?id=10'
                })
            },
        }
    }
</script>
```

打开 detail.vue 页面，要获取 index.vue 传递的参数。前面讲过，onLoad 生命周期函数有两个作用，第一个作用是调用数据接口，第二个作用是获取上一个页面传递的参数，所以获取参数是在 onLoad 生命周期函数中实现的。

给 onLoad 传入形参，接收的参数就在形参中，代码如下。

```
<template>
    <view>
        商品详情
    </view>
```

```
</template>

<script>
    export default {
        data() {
            return {

            }
        },
        onLoad(op){
            //打印形参
            console.log(op)
        },
        methods: {

        }
    }
</script>
```

控制台的打印结果如图 13-11 所示。

图 13-11　获取传递参数

通过打印结果发现，op 是一个对象，id 就是传递的参数，要获取参数直接使用 console.log (op.id)即可。

第14章

视频讲解

uni-app 企业项目实战

章节简介

本章讲解鲁嗑瓜子项目，通过鲁嗑瓜子项目主要练习 uni-app 数据渲染、接口调用以及参数传递等，让大家最终掌握企业网站的开发。

项目效果如图 14-1 和图 14-2 所示。

14.1 鲁嗑瓜子首页开发

视频讲解

鲁嗑瓜子网站首页包括轮播图模块、广告模块、商家推荐模块、西瓜子模块、原味瓜子模块以及五香瓜子模块，首先需要根据效果图布局静态页面，然后使用 axios 调用接口获取到服务器端数据，并且渲染到视图层。

视频讲解

14.1.1 布局首页静态页

首页静态代码如下（视频中含详细布局讲解）。

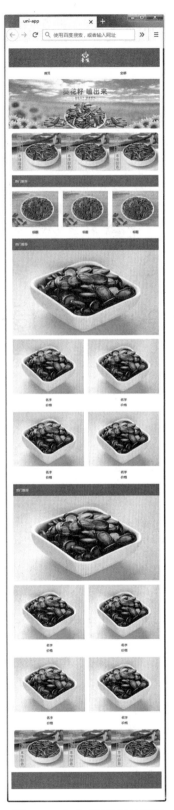

图 14-1　鲁嗑瓜子首页效果图

图 14-2　鲁嗑瓜子产品列表页效果图

注意：

CSS 代码可以在配套资源中下载。

```
<template>
    <view>
        <view class="header">
            <image src="/static/logo.jpg" mode="widthFix"></image>
        </view>
        <view class="menu">
            <view class="menu_li">
                首页
            </view>
            <view class="menu_li">
                全部产品
            </view>
        </view>
        <view class="banner">

        </view>
        <view class="index_ad">
            <view class="index_ad_li">
                <image src="/static/ad_a.jpg" mode="widthFix"></image>
            </view>
            <view class="index_ad_li">
                <image src="/static/ad_a.jpg" mode="widthFix"></image>
            </view>
            <view class="index_ad_li">
                <image src="/static/ad_a.jpg" mode="widthFix"></image>
            </view>
        </view>
        <view class="index_hot">
            <view class="index_hot_menu">
                热门推荐
            </view>
            <view class="index_hot_main">
                <view class="index_hot_main_li">
                    <image src="/static/p1.jpg" mode="widthFix"></image>
                    <text>标题</text>
                </view>
                <view class="index_hot_main_li">
                    <image src="/static/p1.jpg" mode="widthFix"></image>
                    <text>标题</text>
                </view>
```

```
        <view class="index_hot_main_li">
            <image src="/static/p1.jpg" mode="widthFix"></image>
            <text>标题</text>
        </view>
    </view>
</view>

<view class="index_hot">
    <view class="index_hot_menu">
        热门推荐
    </view>
    <view class="index_product">
        <image src="/static/p2.jpg" mode="widthFix"></image>
    </view>
    <view class="index_product_main">
        <view class="index_product_li">
            <image src="/static/p2.jpg" mode="widthFix"></image>
            <text>产品名称</text>
            <text>产品价格</text>
        </view>
        <view class="index_product_li">
            <image src="/static/p2.jpg" mode="widthFix"></image>
            <text>产品名称</text>
            <text>产品价格</text>
        </view>
        <view class="index_product_li">
            <image src="/static/p2.jpg" mode="widthFix"></image>
            <text>产品名称</text>
            <text>产品价格</text>
        </view>
        <view class="index_product_li">
            <image src="/static/p2.jpg" mode="widthFix"></image>
            <text>产品名称</text>
            <text>产品价格</text>
        </view>
    </view>

</view>

<view class="index_hot">
    <view class="index_hot_menu">
        热门推荐
    </view>
```

```
        <view class="index_product">
            <image src="/static/p2.jpg" mode="widthFix"></image>
        </view>
        <view class="index_product_main">
            <view class="index_product_li">
                <image src="/static/p2.jpg" mode="widthFix"></image>
                <text>产品名称</text>
                <text>产品价格</text>
            </view>
            <view class="index_product_li">
                <image src="/static/p2.jpg" mode="widthFix"></image>
                <text>产品名称</text>
                <text>产品价格</text>
            </view>
            <view class="index_product_li">
                <image src="/static/p2.jpg" mode="widthFix"></image>
                <text>产品名称</text>
                <text>产品价格</text>
            </view>
            <view class="index_product_li">
                <image src="/static/p2.jpg" mode="widthFix"></image>
                <text>产品名称</text>
                <text>产品价格</text>
            </view>
        </view>

    </view>

    <view class="index_ad">
        <view class="index_ad_li">
            <image src="/static/ad_a.jpg" mode="widthFix"></image>
        </view>
        <view class="index_ad_li">
            <image src="/static/ad_a.jpg" mode="widthFix"></image>
        </view>
        <view class="index_ad_li">
            <image src="/static/ad_a.jpg" mode="widthFix"></image>
        </view>
    </view>
    <view class="footer">

    </view>
  </view>
</template>
```

14.1.2　调用数据接口渲染轮播图

静态页面布局完成后，开始调用接口获取数据。

接口地址为 http://api.mm2018.com:8095/api/goods/home。

请求方式：get 请求。

需求分析如下。

（1）在 data 属性中定义空数组，用于接收获取到的 banner 数据。

（2）在 methods 属性中定义数据请求方法。

（3）在 onLoad 生命周期调用 methods 中的方法。

```
<script>
    export default {
        data() {
            return {
                //1. 定义 banner 数组
                banner:[]

            }
        },
        methods: {
            //2. 定义请求接口方法
            getData() {
                uni.request({
                    url: 'http://api.mm2018.com:8095/api/goods/home',
                    method:'GET',
                    success: res => {
                        console.log(res.data.result[0].contents)
                        this.banner=res.data.result[0].contents
                    }
                })
            }
        },
        onLoad(){
            //3. 调用方法
            this.getData()
        }
    }
</script>
```

代码解析如下。

res.data.result 获取到的是整个首页数据，总共有 7 个版块，轮播图是第一个版块，使用
res.data.result[0]获取，最终的图片在 contents 中，所以最终获取轮播图片的代码是 res.data.

result[0].contents。

将获取到的 banner 数据渲染到视图层。

需求分析如下。

（1）使用 uni-app 轮播图组件。

（2）使用 v-for 循环遍历数组对象。

```
<view class="banner">
    <swiper :indicator-dots="true" :autoplay="true" :interval="3000" :duration=
"1000">
                <swiper-item v-for="(item,i) in banner" :key="i">
                    <view class="swiper-item">
                        <image :src="item.picUrl" mode="widthFix"></image>
                    </view>
                </swiper-item>

            </swiper>
        </view>
```

14.1.3　首页广告版块数据渲染

视频讲解

res.data.result 获取到的是整个首页所需要的数据，有两种渲染方法，第一种渲染方法和获取轮播图的方法一样，即使用下标的形式获取到不同的模块。第二种渲染方法是循环遍历整个 res.data.result 数组，根据 type 值的不同，获取相应的数据。本节使用第二种方法渲染数据。

JS 代码如下。

```
<script>
    export default {
        data() {
            return {
                //1. 定义 allList 获取首页所有模块
                allList:[],
                banner:[]

            }
        },
        methods: {

            getData() {
                uni.request({
                    url: 'http://api.mm2018.com:8095/api/goods/home',
                    method:'GET',
                    success: res => {
                        this.banner=res.data.result[0].contents
```

```
                    //2. 将获取到的所有模块赋值给 allList
                    this.allList=res.data.result
                }
            })
        }
    },
    onLoad(){

        this.getData()
    }
  }
</script>
```

视图层代码如下。

```
<view class="" v-for="(item,i) in allList" :key="i">
     <view class="index_ad" v-if="item.type==1">
        <view class="index_ad_li" v-for="(indexAd,i) in item.contents">
            <image :src="indexAd.picUrl" mode="widthFix"></image>
        </view>
     </view>
</view>
```

代码解析如下。

（1）循环遍历整个 allList 数组，使用 v-if 控制模块的显示和隐藏，因为广告模块的 type 值为 1，所以要使用 v-if="item.type==1"。

（2）找到广告模块之后，继续遍历广告模块中的数组，获取真实数据。

（3）在首页中有两个模块的 type 值为 1，所以广告模块出现两次，如图 14-3 所示。

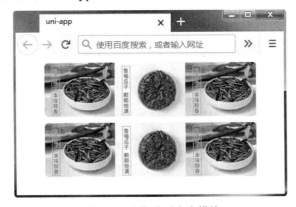

图 14-3　渲染首页广告模块

14.1.4　首页商家推荐版块数据渲染

商家推荐版块的 type 值为 2，代码如下。

```
<view class="index_hot" v-if="item.type==2">
        <view class="index_hot_menu">
            {{item.name}}
        </view>
        <view class="index_hot_main">
            <view  class="index_hot_main_li"  v-for="(hotDetail,i)  in
item.contents" :key="i">
                <image :src="hotDetail.picUrl" mode="widthFix"></image>
                <text>{{hotDetail.productName}}</text>
            </view>

        </view>
</view>
```

运行结果如图 14-4 所示。

图 14-4　渲染首页商家推荐版块

14.1.5　首页其他版块数据渲染

视 频 讲 解

首页中剩下的西瓜子、原味瓜子、五香瓜子的版块布局都是一样的，它们的 type 值也是一样的，type 值都为 3。

需求分析如下。

（1）当 type 值为 3 时，显示西瓜子、原味瓜子、五香瓜子。

（2）在产品对象中，type 值为 2 代表显示大图，type 值为 0 代表显示小图。

```
<view class="index_hot" v-if="item.type==3">
        <!--产品栏目-->
        <view class="index_hot_menu">
            {{item.name}}
        </view>
        <!--产品大图-->
        <view class="index_product" v-for="(bigPic,i) in item.contents"
:key="i">
```

```
        <image :src="bigPic.picUrl" mode="widthFix" v-if="bigPic.
type==2"></image>
        </view>
        <!--产品小图-->
        <view class="index_product_main">
            <view class="index_product_li" v-for="(smallPic,i) in item.
contents" :key="i" v-if="smallPic.type==0">
                <image :src="smallPic.picUrl" mode="widthFix"></image>
                <text>{{smallPic.productName}}</text>
                <text>{{smallPic.salePrice}}</text>
            </view>
        </view>
</view>
```

运行结果如图 14-5 所示。

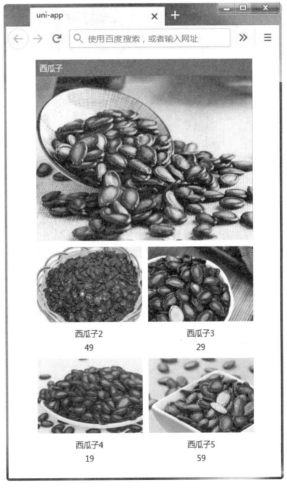

图 14-5　完成首页所有版块渲染

14.2　产品列表页开发

在产品列表页面总共需要开发 4 项功能，分别是产品列表渲染、产品价格排序、产品价格范围筛选以及产品分页，通过产品列表可以深入理解参数传递、element-ui 等知识点的应用。

14.2.1　布局产品列表静态页面

产品列表静态页面代码如下（视频中含详细布局讲解）。

视频讲解

注意:

CSS 代码可以在配套资源中下载。

```html
<template>
    <view>
        <view class="sort_menu">
            <view class="sort_menu_li">
                综合排序
            </view>
            <view class="sort_menu_li">
                价格由低到高
            </view>
            <view class="sort_menu_li">
                价格由高到低
            </view>
        </view>
        <view class="price">
            <view class="price_li">
                <input type="text" value="" />
            </view>
            <view class="price_li">
                -
            </view>
            <view class="price_li">
                <input type="text" value="" />
            </view>
            <view class="price_li">
                <text>单击</text>
            </view>
        </view>
```

```
        <view class="index_hot">
            <view class="index_product_main">
                <view class="index_product_li">
                    <image src="/static/p2.jpg" mode="widthFix"></image>
                    <text>产品名称</text>
                    <text>产品价格</text>
                </view>
                <view class="index_product_li">
                    <image src="/static/p2.jpg" mode="widthFix"></image>
                    <text>产品名称</text>
                    <text>产品价格</text>
                </view>
                <view class="index_product_li">
                    <image src="/static/p2.jpg" mode="widthFix"></image>
                    <text>产品名称</text>
                    <text>产品价格</text>
                </view>
                <view class="index_product_li">
                    <image src="/static/p2.jpg" mode="widthFix"></image>
                    <text>产品名称</text>
                    <text>产品价格</text>
                </view>
                <view class="index_product_li">
                    <image src="/static/p2.jpg" mode="widthFix"></image>
                    <text>产品名称</text>
                    <text>产品价格</text>
                </view>
            </view>
        </view>
        <view class="footer">
        </view>
    </view>
</template>
```

14.2.2 渲染产品列表数据

视频讲解

本节完成产品列表数据的获取，通过整个产品列表页面，大家可以掌握参数传递、链式跳转等知识点。

接口地址为 http://api.mm2018.com:8095/api/goods/allGoods?page=1&size=8&sort="&priceGt="&priceLte="。

请求方式：get 请求。

需求分析如下。

（1）在 data 属性中定义 productList 空数组，接收获取到的产品数据。

（2）在 methods 属性中定义发送数据请求的方法。

（3）在 onLoad 生命周期函数调用数据请求的方法。

```
<script>
    export default {
        data() {
            return {
                //1. 定义 productList 属性接收产品数据
                productList:[]
            }
        },
        methods: {
            getData(){
                uni.request({
                    url:`http://api.mm2018.com:8095/api/goods/allGoods?page=
1&size=8&sort=''&priceGt=''&priceLte=''`,
                    method:'GET',
                    success:res=>{
                        console.log(res.data.data)
                        this.productList=res.data.data
                    }
                })
            }
        },
        onLoad(){
            this.getData()
        }
    }
</script>
```

将获取到的 productList 数组渲染到视图层，代码如下。

```
<view class="index_hot">
        <view class="index_product_main">
            <view class="index_product_li" v-for="(item,i) in productList"
:key="i">
                <image :src="item.productImageUrl" mode="widthFix"></image>
                <text>{{item.productName}}</text>
                <text>{{item.salePrice}}</text>
            </view>
        </view>
</view>
```

14.2.3　价格排序功能

在接口中有 sort 参数，当 sort 为空时，表示价格综合排序，当 sort 为 1 时，表示价格由低到高，当 sort 为-1 时，表示价格由高到低，代码如下。

视图层代码如下。

```
<view class="sort_menu">
        //3. 添加单击事件并传递参数
        <view class="sort_menu_li" @click="sortData(0)">
            综合排序
        </view>
        <view class="sort_menu_li" @click="sortData(1)">
            价格由低到高
        </view>
        <view class="sort_menu_li" @click="sortData(2)">
            价格由高到低
        </view>
</view>
```

JS 逻辑代码如下。

```
<script>
    export default {
        data() {
            return {
                productList:[],
                //1. 定义 sort 属性，0 为综合排序，1 为正序，-1 为倒序
                sort:null

            }
        },
        methods: {
            getData(){
                uni.request({
                    //2. 在模板字符串中使用 sort 属性
                    url:`http://api.mm2018.com:8095/api/goods/allGoods?page=
1&size=8&sort=${this.sort}&priceGt=''&priceLte=''`,
                    method:'GET',
                    success:res=>{
                        console.log(res.data.data)
                        this.productList=res.data.data
                    }
                })
```

```
            },
            //4. 定义单击方法并接收参数
            sortData(i){
                if(i==0){
                    //综合排序
                    this.sort=null
                    this.getData()
                }
                if(i==1){
                    //价格由低到高
                    this.sort=1
                    this.getData()
                }
                if(i==2){
                    //价格由高到低
                    this.sort=-1
                    this.getData()
                }
            },
            onLoad(){
                this.getData()
            }
        }
</script>
```

代码解析如下。

修改 sort 值后，需要再次调用 getData 方法，获取最新数据。

14.2.4　价格范围筛选功能

视频讲解

在接口中，priceGt 参数表示最小值，priceLte 参数表示最大值，使用双向数据绑定获取用户输入的价格，代码如下。

视图层代码如下。

```
<view class="price">
    //2. 双向绑定 priceGt 和 priceLte
    <view class="price_li">
        <input type="text" value="" v-model="priceGt" />
    </view>
    <view class="price_li">
        -
    </view>
    <view class="price_li">
```

```
            <input type="text" value="" v-model="priceLte" />
        </view>
        <view class="price_li">
            <text @click="priceData()">单击</text>
        </view>
    </view>
</view>
```

JS 代码如下。

```
<script>
    export default {
        data() {
            return {
                productList:[],
                sort:null,
                //1. 定义 priceGt 和 priceLte
                priceGt:null,
                priceLte:null

            }
        },
        methods: {
            getData(){
                uni.request({

                    url:`http://api.mm2018.com:8095/api/goods/allGoods?page=
1&size=8&sort=${this.sort}&priceGt=${this.priceGt}&priceLte=${this.priceLte}`,
                    method:'GET',
                    success:res=>{
                        console.log(res.data.data)
                        this.productList=res.data.data
                    }
                })
            },

            sortData(i){
                if(i==0){
                    //综合排序
                    this.sort=null
                    this.getData()
                }
                if(i==1){
                    //价格由低到高
                    this.sort=1
```

```
                    this.getData()
                }
                if(i==2){
                    //价格由高到低
                    this.sort=-1
                    this.getData()
                }
            },
            //2. 单击按钮重新获取数据即可
            priceData(){
                if(this.priceLte>this.priceGt){
                    this.getData()
                }
            }
        },
        onLoad(){
            this.getData()
        }
    }
</script>
```

14.3　产品详情页开发

视 频 讲 解

视 频 讲 解

本节完成产品详情页面的开发，首先要实现单击产品进入产品详情页面的功能，在产品
列表页面使用链式跳转，代码如下。

```
<view class="index_hot">
    <view class="index_product_main">
        <view class="index_product_li" v-for="(item,i) in productList"
:key="i">
            <image :src="item.productImageUrl" mode="widthFix" @click=
"linkTo(item.productId)"></image>
            <text>{{item.productName}}</text>
            <text>{{item.salePrice}}</text>
        </view>
    </view>
</view>
```

为产品图片添加 linkTo 单击事件，并传入产品 id。

```
methods: {
    linkTo(id){
```

```
        uni.navigateTo({
            url:`/pages/detail/detail?id=${id}`
        })
    }
}
```

此时单击产品图片，可以进入产品详情页面，并且携带产品 id。

产品详情页面的接口为 http://api.mm2018.com:8095/api/goods/productDet?productId= 150642571432851。

请求方式：get 请求。

需求分析如下。

（1）在 data 属性中定义 productData，接收获取到的产品信息。

（2）发送数据请求，productId 应该为产品列表中的产品 id，不能固定。

（3）在 onLoad 生命周期函数中接收产品列表页传递的产品 id。

```
<script>
    export default {
        data() {
            return {
                //1. 在 data 属性中定义 productData，接收获取到的产品信息
                productData:{}
            }
        },
        methods: {
            //2. 发送数据请求，其 id 应该为单击产品时携带的 id
            getData(id){
                uni.request({
                    url:`http://api.mm2018.com:8095/api/goods/productDet?
productId=${id}`,
                    method:'GET',
                    success:res=>{
                        console.log(res.data)
                        this.productData=res.data
                    }
                })
            }
        },
        onLoad(op){
            //3. onLoad 周期函数的第一个参数用于接收上一个页面传递的参数
            this.getData(op.id)
        }
    }
</script>
```

视图层渲染如下。

```
<template>
    <view>
        <view class="header">
            <image src="/static/logo.jpg" mode=""></image>
        </view>
        <view class="title">
            <text>{{productData.productName}}</text>
        </view>
        <view class="title">
            <text>{{productData.salePrice}}</text>
        </view>
        <view class="desc">
            <rich-text :nodes="productData.detail"></rich-text>
        </view>
    </view>
</template>
```

14.4　App 打包

视 频 讲 解

项目完成的最后一步是项目上线，本节讲解如何进行项目打包，重点讲解 H5 发布和 App
发布。

14.4.1　H5 发布

选择"发行"→"网站-H5 手机版"命令，如图 14-6 所示。

图 14-6　uni-app 发布 H5

输入网站标题即可发布项目。

14.4.2　App 发布

App 分为安卓端和 iOS 端，其发布方法是一样的，但 iOS 端需要买证书，因此为便于演示，这里以安卓端为例。

选择"发行"→"原生 App-云打包"命令，如图 14-7 所示。

图 14-7　uni-app 发布 App

弹出 App 打包窗口，默认选中 Android 和 iOS 复选框，手动取消选中 iOS 复选框，只打包安卓端，如图 14-8 所示。

图 14-8　打包 App 界面

需要填写 Android 包名、证书别名、证书私钥密码、证书文件。

其中，Android 包名是自定义的，证书信息可通过 http://www.applicationloader.net/appuploader/keystore.php 获取，最后单击"打包"按钮，即可生成 App。